엄마의 첫 공부

일러두기

· 이 책은 《만능양육》(예담friend, 2015)의 개정판으로 구성을 새롭게 정리하고, 내용을
  보강하여 펴낸 책이다.
· 본문에서 언급한 사례들은 진료실에서 만난 다양한 인연들을 바탕으로 재가공한 것
  이다.

애착-훈육-자립
아이 키우기의 핵심만을 뽑아낸 자녀교육 바이블

엄마의 첫 공부

홍순범 지음

카시오페아
Cassiopeia

육아의 원리를 이해하면 어떤 상황에도 흔들리지 않는 부모가 될 수 있습니다

"아이가 발달이 느린 것 같아 고민이에요. 주변에서는 멀쩡한 아이 갖고 괜한 호들갑이라는데, 저는 아무래도 너무 걱정이 돼요."

"아이가 유치원에서 다른 아이가 노는 장난감을 빼앗고 상대 아이를 밀치기도 했대요. 아이 잘못은 전부 부모 탓이라는데 저희가 뭘 잘못했을까요?"

"아이가 불안이 많고 언제부턴가 공부에도 집중을 못 하는 것 같아요. 부모가 맞벌이여서 많은 시간 함께해 주지 못했다는 죄책감이 들어요."

오늘 하루에도 수없이 들은 질문들입니다.

* * *

소아정신과 의사인 저는 매달 약 400명 이상의 어린이 환자들과 그 부모들을 만납니다. 진료가 있는 날은 줄줄이 들어오는 분들을 맞이하며 아이에게 말 걸랴, 부모님 말씀 들으랴, 진료 기록 작성하랴, 정신이 없죠. 그런 식으로 지금껏 참 많은 가족들을 만났네요.

그런데 이런 과정을 반복하다 보면 방금 상담을 마치고 나간 분들께 드렸던 조언을 다음 가족에게 똑같이 되풀이해 말씀드리는 경우가 생깁니다. 그런 경우가 꽤 자주 있습니다. 이게 무엇을 의미할까요? 자녀를 키우는 부모라면 누구나 공통적으로 알아야 하는 지식들이 있었던 겁니다. 그리고 그걸 공통적으로 놓치고 있는 부모님들이 많더라는 의미겠죠.

육아 정보가 넘쳐나는 세상입니다. 서점에 가거나 인터넷만 검색해도 자녀 양육에 관한 정보를 쉽게 찾을 수 있습니다. 그런데 정보가 많아도 너무 많은 게 또 문제입니다. 좋은 부모가 되리라 마음먹어도 도저히 다 읽을 수 없으니 오히려 난감합니다.

사실 그 많은 정보들은 딱 둘로 나뉘는데 말입니다. 육아의 원리를 알고 쓴 것과 모르고 쓴 것으로요.

어느 한 개인의 자녀교육 성공담이 반드시 바른 양육 방법을 말해주는 것은 아닙니다. 공부 잘한 사람의 공부법이나 돈 많이 번 사람의 경험담이 꼭 정답은 아닌 것과 같아요. 사람마다 처한 상황이나 배경이 다양하고 변화무쌍하기 때문에 그대로 따라 한다고 해서 똑같은 결과를 얻을 수는 없습니다. 아이를 키우며 맞닥뜨리는 상황도 비슷한 맥락입니다. 저마다 다른 환경에서 다른 아이를 키우니 변수가 많을 수밖에요.

그런데 이처럼 다양한 양육 상황에도 한결같이 적절한 조언을 해 주는 책들이 있습니다. 비결이 뭘까요? 그 수많은 경우를 저자가 직접 경험해 봤기 때문일까요? 아닙니다. 수없이 다양한 상황을 모두 관통하는 '육아의 원리'를 알고 있는 겁니다. 마치 수학의 기본 원리에 능통하면 처음 보는 수학 문제도 잘 풀 수 있는 것과 같습니다. 즉, 각양각색의 상황에서 막힘없이 양육하는 고수가 되려면, 먼저 그 원리를 이해해야 합니다. 다시 말해 육아의 원리를 이해하면 어떤 상황에서든 '만능'이 되는 겁니다.

하지만 안타깝게도 많은 부모들이 단편적인 정답만 찾을 뿐

그 뒤에 숨어 있는 원리와 풀이 과정은 놓치는 경우가 많습니다. 육아의 원리를 가르쳐 주기보다는 특수한 경우를 정답인 양 말하는 책이 많은 것도 문제입니다. 이런 책들은 읽을 때는 술술 읽히지만 막상 자신의 양육 문제를 풀어야 할 때는 답을 주지 못합니다.

* * *

그 많은 분들과 상담하면서도 저는 책을 쓸 생각은 하지 않고 지냈습니다. 육아 서적이 이미 많으니 저는 굳이 안 써도 되겠다 싶었거든요. 그런데 안타까운 현실을 깨닫고 생각이 바뀌었습니다. 그 많은 책들의 영양분이 독자들에게 잘 전해지지 않고 있었어요.

제 진료실 예약을 1년 이상 대기했다가 들어오는 분들이라면 그동안 얼마나 많은 고민과 이런저런 노력들을 해 보고 오시겠어요? 책이란 책도 얼마나 많이 찾아보았을 것이고요. 그럼에도 육아의 기본 원리에 대해선 전혀 모르고 오는 분들이 많은 걸 보면 어떤 상황인지가 분명하죠.

게다가 저 역시 시간 관계상 똑같은 설명을 모든 분들에게 되풀이하고 있을 수가 없게 되면서 다른 방식으로 전달할 필요성을 느끼게 되었습니다. 알고 보면 간단한 육아의 원리를 모른 채 고뇌하는 부모들이 생각보다 훨씬 많다는 사실을 깨닫게 되자, 그분들께 육아 불변의 원리, 그 기본을 집약해 알려 주고 싶었습니다.

우선 예비 부모님들께 이 책을 권합니다. 이 책을 언젠가는 읽어야 한다면 아기가 태어나기 전에 읽어 놓으면 좋습니다. 시간이 지나면 완벽하게 돌이키기 힘든 일도 분명 있으니까요. 소망컨대, 부부에서 부모가 될 때는 육아의 원리를 알고 자녀를 맞이하시기 바랍니다.

물론 자녀를 한창 키우고 있는 부모님들께도 이 책을 추천하고 싶습니다. 아기, 어린이, 청소년, 어느 연령의 아이를 키우고 있든 상관없습니다. 그 모두를 한데 모아서 이해해야 육아의 매듭을 더 잘 풀 수 있으니까요. 물론 매듭이 엉키기 전에 미리 알았더라면 더 좋았겠죠. 하지만 이미 엉킨 뒤라도, 그 매듭이 언제부터 엉켰는지, 왜 그때 엉켰는지, 앞으로 어떻게 그 매듭을 풀어 나가야 할지 이해하는 데 이 책이 도움이 될 것입니다.

육아는 일종의 예술입니다. 그리고 부모는 예술가입니다. 이 책은 새내기 예술가들에게 바치는 선물입니다. 책을 집필하면서 여러분이 장장 20년에 걸쳐 행할 작품 활동에 어떤 원칙과 기술이 필요한지, 바탕이 되는 원리는 무엇인지 핵심을 잘 간추려 전달하고자 했습니다. 부모와 자녀가 함께 행복하게 성장해 나아가는 길에 이 책이 좋은 길잡이가 되었으면 합니다.

2022년 7월

서울대학교 어린이병원 감성센터에서

홍순범

차례

1부

부모 공부가
육아의 모습을 결정한다

같은 육아 고민에 대해 정반대의 조언을 들을 때가 있습니다. 주변 사람들이 서로 반대되는 말로 간섭하는 것은 물론이고, 소위 육아 전문가들 사이에서도 의견이 엇갈리곤 합니다. 도대체 이유가 무엇일까요? 그중 하나만 맞고 나머지는 전부 틀린 걸까요? 혹은 다른 이유가 있을까요? 차근차근 알아봅시다.

육아 정보의 홍수,
대체 어느 장단에 맞추지?

육아 정보가 넘쳐나는 시대입니다. 많은 엄마들이 아이를 키우며 궁금한 점이 있을 때 인터넷을 검색합니다. 맘카페에서 다른 엄마들에게 고민을 상담하기도 하고, 인스타그램, 페이스북 등 SNS를 찾아보기도 하며, 심지어 옆집 엄마한테까지 정보를 얻습니다. 그뿐입니까. TV 채널을 돌리다 보면 수많은 방송에서 하루에도 몇 번씩 육아 고민에 대한 전문가의 솔루션을 쉽게 볼 수 있습니다. 그야말로 '정보의 홍수' 시대이죠. 육아에 대한 지식이 이토록 범람하고 있다는 것은 그만큼 수많은 부모들이 육아에 관심을 갖고 자발적으로 고민하고 있다는 방증일 겁니다.

그런데 정보가 너무 많아도 문제가 됩니다. 일단 모든 정보를 다 찾아볼 수도 없는 데다가 조언들이 제각각이니 더 헷갈립니다. 상반되는 주장도 많죠. 어떤 전문가는 아이가 떼를 쓰면 단호하게 훈육하라고 하는데, 어떤 전문가는 우선 따뜻하게 마음을 보듬어 주라고 합니다. 옆집 엄마는 이렇게 하면 된다고 하는데, 우리 아이는 꿈쩍도 하지 않습니다. 맘카페에 물어봐도 답은 제각각이죠. 그래서 많은 정보를 두루 섭렵할수록 점점 미궁으로 빠지는 것 같습니다. 왜 이런 현상이 일어날까요?

흔한 육아 고민을 하나 생각해 봅시다.

"아이가 떼를 많이 써요. 시도 때도 없이 고집을 부리고요. 원하는 대로 안 되면 참지 못하고 악을 쓰곤 하네요. 요구를 들어주고 아이에게 전부 맞춰 주면 나아지지만 오래 못 가고 금방 또 반복돼요."

이렇게 골머리를 앓는 와중에 누가 책을 추천합니다. 부모는 지푸라기라도 잡는 심정으로 책을 읽어 봅니다. 사랑으로 아이를 감싸라는 내용이네요! 벅찬 감동을 받으며 단숨에 책을 읽습니다.

"그래, 맞는 말이야!"

책에서 권한 대로 당장 따라 해 봅니다. 이제 부모는 헌신적인 사랑의 화신으로 거듭납니다. 그런데 어찌 된 일인지 결과는 책

대로 되지 않습니다. 아무것도 해결되는 게 없었어요. 이유가 뭘까요?

이미 그 부모님은 아이의 행동을 너무 다 받아 주기만 하고 있었던 겁니다. 때문에 아이는 집 안에선 버릇없는 응석받이가 되고 집 밖에선 주눅이 들어 앞에 나서지 못합니다. 이런 문제로 고민하던 중 책을 읽었는데 아이의 행동을 다 받아 주라고 적혀 있었던 거죠. 부모는 이미 갖고 있던 생각과 일치하니 반갑기 그지없습니다. 지금껏 해 오던 방식으로 더 열심히 하라는 조언은 받아들이기 편한 법입니다. 내 판단이 옳았구나 싶어 조언을 따르지만 결국 지난 실수를 반복하는 셈입니다.

한편 같은 문제로 고민하는 다른 부모가 있습니다. 고민 끝에 서점에 갔다가 우연히 한 권의 책을 골라 읽습니다. 아이를 키울 때 훈육이 필요하다는 내용이네요! 실제로 어떻게 훈육할지 예시와 성공 사례들이 설득력 있게 소개되어 있습니다. 부모는 무릎을 탁 칩니다.

"그래! 바로 이거야!"

무척 공감하며 읽고 책에서 안내한 대로 따라 해 봅니다. 당장 자녀에게 훈육 매뉴얼을 적용시켜 보는 겁니다. 어떻게 되었을까요? 아이는 별로 나아지지 않았습니다. 이유가 뭘까요?

애초에 이 아이에게 필요한 건 훈육이 아니었던 겁니다. 이 부모는 정서적인 교감 없이 자녀에게 규칙과 의무만 강요해서 문제였던 거죠. 그런 부모 밑에서 아이는 힘듭니다. 몸도 힘들지만 마음이 더 힘들죠. 마음에 불안이나 분노가 쌓일 수도 있습니다. 그로 인해 아이는 매사에 자주 짜증을 냅니다. 그걸 보고 있는 부모는 더욱 엄하게 바로잡아야겠다고 생각하기 쉽죠. 하지만 아이 입장에선 더 엄한 훈육이 아니라 부모와 함께하는 즐거운 시간, 칭찬과 공감이 맛난 양념처럼 가미된 일상의 대화가 필요했습니다. 하고 싶은 대로 해 보고 시행착오를 겪으면서 스스로 깨우칠 기회, 이를 기다려 주는 부모의 격려와 믿음이 필요했죠.

이처럼 일견 같은 고민('아이가 떼를 많이 써요')을 가진 부모가 서로 상반된 주장을 담은 책을 읽었습니다. 둘 중 어느 책의 내용이 꼭 틀렸다고 보긴 어렵습니다. 초점이 서로 다르다고 이해하는 게 맞겠죠. 그래도 이처럼 책들 간에 솔루션으로 제공하는 내용의 불일치가 있는 건 사실입니다. 그 와중에 부모가 무슨 책을 골라 읽느냐는 복불복입니다. 아이마다 어떤 양육을 받느냐가 서점에서의 제비뽑기에 따라 결정되는 셈입니다. 사주팔자가 아니라 '서적팔자'라고 해야 할까요?

이런 일은 꼭 책을 읽을 때만 일어나는 것은 아닙니다. 육아에 이견이 있는 경우는 얼마든지 많아요. 엄마와 아빠 간에, 부모와 조부모 간에, 또 친한 엄마들 사이에서도 크고 작은 이견이 존재합니다. 그 속에서 부모는 갈팡질팡하기 십상입니다. 신호등이 고장 난 교차로 한복판에서 머릿속이 하얘진 초보 운전자와 같습니다. 육아라는 무대 위에서 고뇌하는 햄릿이 따로 없습니다.

"육아 서적? 읽느냐 마느냐, 그것이 문제로다!"

"남들 의견? 듣느냐 마느냐, 그것이 문제로다!"

책에 적혀 있든 남이 조언하든 마찬가지입니다. 아무리 좋은 말도 막상 내 아이에게 필요한 말인지 애매할 때가 많아요. 그럴 수밖에요! 잘 가던 자동차가 멈춘다면 그 원인이 다양하잖아요. 육아가 순조롭지 않을 때도 원인은 여러 가지입니다. 그러니 똑같은 조언이라도 어느 경우엔 딱 맞는 말이지만 다른 경우엔 자다가 봉창 두드리는 소리가 될 수도 있어요.

'사랑이 필요하다' 혹은 '훈육이 필요하다', 둘 다 맞는 말입니다. 당연히 아이에겐 둘 다 필요하죠. 몸에 필요한 영양분이 다양하듯 아이에게 공급해야 할 정신적 영양분도 다양하니까요. 하지만 많은 육아 서적들이 특정 영양분에만 초점을 맞춰 설명하는 경향이 있습니다. 그래서 자칫 사랑만 필요한 것 같거나 훈육만 필요한 것 같은 착각이 들기 쉽습니다.

그렇다면 실제로 육아 현장에서 더 요구되는 지식은 무엇일까요? 아이가 특정 영양분을 편식하지 않도록 다양한 정신적 영양분을 아이에게 골고루 공급하는 법을 알아야겠죠. 어떨 때 사랑이 필요하고, 어떨 때 훈육이 필요하며, 어떨 때 그 둘이 얼마만큼의 배합으로 필요한지 알면 좋을 것입니다.

사고 처리법 말고
사고 안 내는 법을 공부하라

육아 서적에 나오는 질문들은 주로 이렇습니다.

"아이가 잠시도 부모와 떨어져 있지 못해요. 이럴 땐 어떻게 하죠?"

"순한 아이였는데 부모 말을 무시하고 반항해요. 고칠 방법을 알려 주세요."

"동생이 태어나니까 큰아이가 동생을 미워해요. 어떻게 하면 될까요?"

운전으로 치면 다음과 같은 질문인 셈입니다.

"차에 시동이 걸리지 않아요. 이럴 땐 어떻게 하죠?"

"타이어에 펑크가 났어요. 좋은 방법이 없을까요?"

"다른 차를 들이받고 말았네요. 어떻게 해야 하나요?"

다시 말해 각종 사고나 문제 발생 시 어떻게 해야 하는지 묻고 있습니다. 나름 필요한 지식들이긴 하지만 운전면허 교재에 이 같은 내용이 얼마나 들어 있을까요? 교재마다 약간씩 차이가 있 겠지만 대개는 극히 일부만 다룰 뿐이죠. 그보다는 바른 운전이 무엇인지 설명하는 데 중점을 둡니다. 그렇기 때문에 운전면허 교재들은 서로 대동소이하고, 한 권만 봐도 충분합니다. 적어도 기초 지식을 공부하기에는 부족함이 없어요.

물론 사고가 날 경우의 대처 방법도 중요합니다. 하지만 평소 에 바르게 운전하는 법이 훨씬 더 중요하죠. 그걸 잘 알고 실천 하며 안전 운전을 하면 사고를 줄일 수 있으니까요. 면허를 딸 때 배웠던 그대로만 하면 대개 큰 탈 없이 운전할 수 있습니다. 어쩌다 사고가 난다면 그때만 보험 회사 직원이나 경찰, 변호사 같은 사고 처리 전문가를 불러 해결하면 됩니다.

그런데 육아 서적이 다루는 내용은 사고 처리 중심인 경우가 많아요. 육아에 문제가 생겼을 때 어떻게 해야 할지를 주로 다루 죠. 독자들도 육아에 문제가 생겼을 때나 문제가 생길까 봐 걱정 될 때 비로소 서점을 찾는 경향이 있고요.

그러한 이유로 책에는 예외적인 내용이 주로 실리게 됩니다.

그 문제를 꼭 소수의 아이들만 겪어서가 아닙니다. 대부분의 아이들이 겪는 문제라고 하더라도 예외적이라고 할 수 있어요. 아이가 그 문제를 겪는 순간은 아이의 생활 전반에 견주어 보면 잠깐에 불과하기 때문입니다. 따라서 부모가 육아 전반에 걸쳐 알아야 할 일반적인 지식에 비해서는 예외적인 내용입니다.

많은 부모들이 저를 찾아와 이렇게 묻습니다.

"아이가 이럴 때는 어떻게 해야 할까요?"

그럼 저는 한 박자 쉬고 되묻습니다.

"아이가 그러지 않을 때는 어떻게 하고 계세요?"

제가 되물은 것 같지만 이것이 질문만은 아닙니다. 어떤 면에선 더 중요한 답을 한 것이기도 합니다.

그 답이란 운전의 정석을 배우라는 것입니다. 정석 한 권만 공부해도 충분합니다. 나머지는 응용이죠. 아주 가끔씩 그 응용으로 안 풀리는 예외적인 경우에만 전문가를 찾으면 됩니다. 정석으로 기본을 다지지 않고 전문가를 찾아야 할 내용부터 공부하면 끝이 없겠죠. 많은 책을 읽어도 정리가 안 되고, 그러니 노력한 만큼 도움을 못 받습니다.

부디 바른 육아에 관한 기초 지식을 알고 실천하세요. 이때 가장 기초가 되는 내용을 헷갈리지 않게 짚어 주는 한 권의 책만 있으면 됩니다. 올바른 육아의 원칙과 기술들을 한 줄로 꿰어 이해시켜 주는 책이 필요한 겁니다. 부모가 사고 처리 전문가가 될 필요는 없습니다. 그냥 바른 육아를 하면 됩니다.

그리고 이걸 알아야 어디까지가 부모 책임인지도 감이 잡힙니다. 왜냐하면 아이들은 다 다르니까요. 물론 인간으로서 공통점이 더 많지만, 각자의 특성이나 능력 등 차이도 크기에 이 모든 결과가 부모의 잘잘못에서 비롯되는 건 아닙니다. 그런데 일각에선 학대나 방임같이 아이를 돌보는 과정에서 결코 해서는 안 될 크나큰 잘못을 범하는 부모들도 있죠. 그렇다 보니 부모로서도 어쩔 수 없는 측면이 있다고 말하는 건 조심스러운 일이 되곤 합니다. 자칫 그런 부모들에게 손쉬운 면죄부를 부여하는 의미로 오해라도 사면 곤란하니까요. 하지만 모든 자녀 문제는 항상 부모 탓이라는 그런 단순한 틀만으로 육아 문제를 전부 이해할 수 없는 것 또한 현실입니다. 대개의 현실 세계는 복잡하고, 이는 육아도 마찬가지입니다.

아마 예전에는 이게 당연했을 겁니다. 아이마다 다 다르다는 것, 그러므로 한 아이를 별 탈 없이 키운 방식이 다른 모든 아이들에게 동등한 결과를 가져오진 않는다는 사실 말입니다. 적어도 이 사실만은 아마 예전 부모들이 더 잘 알았지 싶습니다. 그분들이 오늘날의 부모들보다 더 똑똑해서가 아니라, 예전에는 자식을 여럿 낳아 키웠으니 그 과정에서 자연스레 알게 되었겠죠. 평균적으로 네댓 명의 자녀가 있고 주변에는 열 명 가까이 낳아 키우는 이웃도 있었을 테니 그런 이웃끼리 오랜 기간 왕래하며 지냈다면, 똑같은 부모 슬하에서 자란 아이들이라 할지라도 얼마나 다른지 눈에 쉽게 들어오지 않았겠어요?

그런데 아이를 하나 낳아 키우는 시대에는 그 한 명의 아이가 잘 크면 부모가 양육을 잘한 것 같고, 잘 크지 못하면 부모가 뭔가 잘못한 것 같은 착시 현상이 생깁니다. 물론 그럴 확률이 늘고 개연성이 커지는 건 사실이지만 꼭 그런 것은 아닙니다. 마치 교통사고를 겪은 운전자 전체로 치면 운전을 잘못했을 확률이 상대적으로 높겠지만, 그들을 각 개인별로 뜯어보면 꼭 그렇지는 않은 것과 같습니다. 실제로 우리는 누가 운전을 잘했는지 잘못했는지 여부를 사고 경험의 유무만 갖고 판단하지는 않죠. 사고가 났다고 무조건 죄를 묻지는 않잖아요. 억울한 사고를 당하는 일도 얼마든지 있을 수 있으니까요. 그럼 무얼 보고 잘잘못을 판단하죠? 올바른 운전의 원칙과 기술에 맞게 운전했는지 구체적으로 따져 보고 판단합니다. 올바르게 운전을 했으면 사고가 났더라도 그 사람의 책임으로 볼 순 없는 거고요. 자식 키우는 일도 마찬가지입니다. 올바른 육아의 원칙과 기술을 알면 이 판단이 가능해집니다.

발달 단계를 이해하면
육아가 훨씬 쉬워진다

선남선녀 한 쌍이 가장 멋지고 아름다운 모습으로 혼인 서약을 합니다. 이 행복한 자리에 초대받은 많은 이들이 새내기 부부의 행진을 박수갈채로 축하합니다. 행진의 끝에는 달빛 아래 꿀이 흐른다는 달콤한 여행이 기다리고 있고, 이어서 알콩달콩 깨가 쏟아진다는 신혼 생활이 시작됩니다. 참으로 좋을 때입니다.

그러던 어느 날, 의사가 말합니다.

"축하합니다. 임신입니다."

결혼하면 둘이 되는 줄만 알았는데 어느새 셋이 되고, 넷이 되어 있습니다. 이렇게 부부는 부모가 됩니다.

육아를 잘못하겠다고 결심한 부모는 아마 없겠죠. 대부분의 부모들은 잘해 보려고 나름 공부도 하고 고민도 해서 현실적으로 가능한 최선의 방법으로 자녀를 키웁니다. 그리고 대개는 별 문제 없이 잘하고 있다고 믿으며 살아갑니다. 물론 소소한 문제들이야 생겼다가 사라지곤 하죠. 자잘한 문제들이야 어느 가정에나 있는 법이니까요. 하지만 시간이 지나면서 뭔가 잘못되고 있음을 깨닫는 부모들이 있습니다.

아이와 사이가 나쁘지 않다고 생각했는데 언제부턴가 서로 멀게만 느껴집니다. 어릴 땐 공부를 시키는 대로 잘 따라오던 아이가 공부고 뭐고 방구석에서 게임만 합니다. 혹은 착하던 아이가 점점 더 심하게 짜증을 부리고 거친 언행을 일삼습니다. 활기와 흥미를 잃고 의욕 없이 우울해져 있는 아이를 발견하기도 합니다.

"왜 이렇게 된 걸까?"

부부가 서로에게 묻습니다.

"우리가 처음부터 잘못 키운 것 같진 않은데."

그렇습니다. 처음부터 잘못한 건 아닐지 모릅니다. 다만 어느 시점에 육아에 변화를 주었어야 했는데 그렇게 하지 못한 것이죠. 그렇다면 언제 어떻게 바꿔야 했을까요?

우선 아이의 정신 발달 단계를 간략히 소개하려 합니다. 이것을 바탕으로 육아를 설명해야 핵심을 이해하기 쉽거든요.

　제가 앞으로 설명하는 내용은 각종 교과서나 전문 서적들에 실린 내용과는 좀 다를 거예요. 물론 저도 예전에 교과서로 공부도 하고 시험도 보았죠. 하지만 진료실에서 부모님들께 직접 설명할 때 딱딱한 교과서를 그대로 읽진 않습니다. 더 효율적으로 전달할 수 있는 설명이 필요하고, 부모들이 들었을 때 실질적으로 도움이 되어야 하기 때문입니다.

　물이 거듭해서 흐르면 본래의 지형을 토대로 부드럽게 굽이치는 새로운 형태의 물길이 생기죠. 저도 진료실에서 오랫동안 상담하며 비슷한 설명을 반복하다 보니 자연스레 제 나름의 설명 방식이 생겼습니다. 많은 사람들이 공통적으로 가져오는 문제일

〈아이의 정신 발달 3단계〉

대상	연령	핵심 단어	깨달음	목표
아기	만 1~2세까지	신뢰 안정 희망	〈무조건적 사랑받기〉 세상이 날 사랑해 주는구나! 세상은 살 만하구나!	애착
어린이	유치원생 초등학생 (약 4~5학년까지)	개체성('나'와 '남') 주도성 역할 및 규칙	〈스스로 하기〉 해야 하는 일들이 있구나! 해선 안 되는 일도 있구나!	훈육
청소년	중·고등학생 (및 대학생)	추상적 사고 정체성 인생관	〈자신에 대해 알기〉 나의 길을 찾아야겠구나! (부모의 길 말고 나의 길)	자립

수록 더욱 그렇습니다. 저는 부모님들에게 딱 3단계만 기억하시라고 말합니다.

표에서 보듯 '아기', '어린이', '청소년'이라는 3단계입니다. 이 단계를 모르는 사람은 없을 것입니다. 하지만 이 단계에 따라 부모도 변해야 한다는 사실을 아는 사람은 많지 않은 것 같습니다.

자세한 설명으로 들어가기 전에 예를 하나 들어 보겠습니다. 앞에서 살펴본 육아 고민, 기억나세요?

"아이가 떼를 많이 써요. 시도 때도 없이 고집을 부리고요. 원하는 대로 안 되면 참지 못하고 악을 쓰곤 하네요. 요구를 들어주고 아이에게 전부 맞춰 주면 나아지지만 오래 못 가고 금방 또 반복돼요."

이 같은 고민을 갖고 서로 다른 책을 읽은 부모들에 대해 소개했죠. 첫 번째 부모가 읽은 책에는 사랑으로 감싸라고 적혀 있었고, 두 번째 부모가 읽은 책에는 훈육이 필요하다고 적혀 있었습니다. 각자가 책에서 읽은 대로 부모들은 열심히 따라 해 봅니다. 하지만 다들 좋은 결과를 얻지 못합니다. 우리는 이제 그 이유를 더 잘 이해할 수 있습니다.

둘 중 어느 책의 내용이 꼭 틀렸다고 보긴 어렵습니다. 초점이 서로 다르다고 이해하는 게 맞겠죠. 첫 번째 책의 '사랑으로 감싸라'는 조언은 특히 애착에 초점을 맞춘 것입니다. 20년의 양육

기간 중에서 1단계인 아기 때 가장 중요한 내용입니다.

물론 어린이나 청소년 자녀를 키울 때도 사랑은 항상 중요하지만, 이때의 사랑은 달라야 합니다. 무조건 감싸거나 다 받아주는 식의 사랑이 더 이상 아니죠. 어린이 자녀를 키우는 부모가 고민을 갖고 찾아왔는데, 훈육 얘기는 쏙 빼고 사랑으로 감싸라는 조언만 해서는 도움을 주기 어렵습니다.

그런가 하면 두 번째 책의 '훈육이 필요하다'는 조언은 특히 2단계인 어린이 때 중요한 내용이죠. 따라서 이 두 조언 모두 그 자체로는 틀린 얘기가 아닙니다. 20년의 양육 기간 중에서 특정 발달 단계에 각기 다르게 초점을 맞추고 있을 뿐이죠.

따라서 위의 두 조언은 모두 틀린 얘기이기도 합니다. 어린이 단계가 아닌, 다른 발달 단계의 자녀를 양육하는 부모에게 훈육을 최우선으로 강조한다면, 자칫 틀린 얘기가 될 수 있는 거죠. 아기를 키우는 부모에게 애착 대신 훈육만 강조하면 어떻게 되겠어요? 또 청소년 자녀를 키우는 부모에게 자립 대신 훈육만 강조하면 어떻게 될까요? 이처럼 발달 단계에 따라 육아 방식도 달라지기 때문에, 내 아이에게 도움이 되는 조언을 부모가 가려 듣기 위해선 20년의 양육 기간 전체를 제대로 알고 있어야 합니다. 그리고 이토록 장기간에 걸친 아이의 발달 단계에 장단을 맞춰 부모가 추는 춤이 달라져야 합니다.

육아의 규칙이
바뀌는 시기가 세 번 있다

바른 육아를 하고자 할 때 가장 중요한 부분이 있습니다. 10년이면 강산도 변한다는 점입니다. 강산이 변할 정도이니 그동안 아이는 어떨까요? 막 태어났을 때의 아이와 열 살이 되었을 때의 아이는 전혀 다른 사람입니다.

더군다나 아이 키우기는 10년 이상, 보통은 약 20년의 계획을 세워야 합니다. 20년이면 강산이 두 번 변할 시간이고, 이 시간 동안 이루어지는 아이의 변화는 이루 말할 수 없습니다. 예전 같으면 애가 애를 낳았을 시간입니다. 강산도 변하고 아이도 전혀 다른 사람으로 변모하는데, 부모가 아이를 대하는 방식이 변하지 않으면 안 되겠죠.

아무리 좋은 음식이라도 그것만 먹으면 편식입니다. 몸에만 해당되는 얘기가 아니라 마음도 똑같습니다. 아이에게 정신적 편식을 시키지 마세요. 아이에게 필요한 정신적 영양분을 부모가 골고루 공급해 줘야 합니다.

그런데 모든 시기에 모든 영양분이 똑같이 필요한 건 아닙니다. 이 점이 중요합니다. 아이의 연령이나 발달 단계에 따라 필요한 영양분이 달라지거든요. 병원에 찾아온 열다섯 살 남자아이가 있었습니다. 아이는 모자를 깊이 눌러쓰고 눈을 최대한 마주치지 않으려고 바닥만 보고 있더군요. 같이 온 부모는 아이가 너무 무기력해서 답답하다고, 혹시 우울증이 아닌가 했고요. 부모에게 어떻게 무기력한지 물으니 매일의 학교 공부 플랜과 학원 스케줄, 주말의 공부 과제까지 엄마가 모두 꼼꼼하게 챙겨 주는데 아이가 좀처럼 따르지 않는다고 합니다. 그런데 이 아이는 몇 년 전까지만 하더라도 공부도 잘하고 영재 소리를 들었다고 했습니다. 하지만 지금 아이는 멍한 얼굴로 이제 대답조차 하기 싫은지 바닥만 보고 있습니다. 도대체 무엇이 잘못된 것일까요?

유치원을 다니기 시작할 때부터 초등 4~5학년까지 부모의 주요 목표는 훈육입니다. 훈육을 통해 아이는 해야 하는 일과 해서는 안 되는 일이 있음을 깨닫고 역할 및 규칙을 배워 가는 것입니다. 하지만 열다섯 살 청소년에게 다섯 살 아이에게 하듯이 일정을 일일이 조정해 주고 훈육으로만 일관하려고 하면 아이는 청소년기에 고민하고 키워야 할 능력을 키우지 못하게 됩니다. 청소년기에 고민해야 할 정체성과 추상적 사고 능력을 키울 기회를 박탈당하게 되는 것이죠. 다섯 살 아이에겐 보편적으로 필요한 방법일지라도 그것을 열다섯 살 청소년에게 적용하면 적절치 못한 것이죠. 이렇듯 바른 육아는 시간적 변화에 기초합니다. 이를 이해하지 못하는 부모는 헷갈리기 시작합니다.

부모가 헷갈리는 이유는 또 있습니다. 아이가 어릴 적 받지 못한 영양분이 아이가 자란 후에도 영향을 미쳐 이후에 충족시켜 줘야 하는 경우가 있기 때문입니다. 병원에 온 아이 중에 부모에게 악을 쓰고 화를 내다가 급기야 폭력적인 행동을 하던 아이가 있었습니다. 나중에 알고 보니 아이는 태어나자마자 부모가 모두 유학을 가게 되어서 조부모에게 맡겨졌습니다. 주 양육자였던 조부모는 따뜻하고 섬세한 성격은 아니었고, 몸까지 불편해서 아이를 세심하게 돌보기에는 어려움이 많았습니다. 아이는 주 양육자와 안정적인 애착 관계가 이루어지지 않은 상태에서 네 살 때 갑자기 유학에서 돌아온 부모와 함께 살게 되었습니다. 그러고 나서 부모가 훈육을 하려고 하자 급격한 분노와 폭력성을 보이게 된 것이죠. 이때 아이에게 필요한 건 당장의 훈육이 아닙니다. 오히려 안정적인 애착 관계를 다시 맺는 것이 더 필요합니다. 이전 발달 단계에서 필요한 정신적 영양분을 충분히 섭취한 아이와 그렇지 못한 아이는 더 커서 어떤 영양분이 필요할지도 다릅니다. 이런 이유로 지금 분명히 올바른 육아를 하고 있는 것 같은데 아이가 바르게 자라지 않으니, 도대체 뭘 잘못하고 있는지 모르겠다는 부모님들이 생깁니다. 문제의 원인이 지금 하고 있는 육아가 아니라 이전에 했던 육아에 있기 때문입니다.

이어지는 내용에서 자세히 다루겠습니다만, 독자들 중에는 애착이 중요한 아기 때나 자립이 중요한 청소년기에 훈육을 최우선에 놓으면 바람직하지 않겠다는 걸 이미 어렴풋이 이해한 분들도 있을 겁니다. 그런데 모든 문제가 항상 이렇게 단순하면 참 좋겠습니다만, 2단계의 어린이를 키울 때도 섣부른 훈육을 각별히 조심해야 할 경우가 있습니다. 1단계 때 애착이 잘 형성되지 못한 경우입니다.

중요하면서 무섭기도 한 점인데, 어릴 적에 바른 육아의 기회를 놓치면 거기에서 끝나는 문제가 아니라 그로 인해 이후에도 일반적인 육아가 더 힘들어지기 때문입니다. 아기 때 부족했던 애착의 후유증을 회복하기 위해선 이후에 훨씬 더 많은 노력과 때로는 전문적인 도움이 필요하죠. 마찬가지로 아이가 어린이일 때 부모가 적절한 훈육에 소홀했다면 이후에 더 많은 노력이 필요하고, 다음 단계의 발달이 지장을 받곤 합니다.

따라서 바른 육아 방법은 아이가 어릴 때부터, 아니, 아이가 태어나기 전부터 알고 있는 게 훨씬 유리합니다. 일단 키워 보다가 중간부터 잘하기란 훨씬 어렵다는 얘기입니다. 아이가 어릴 적에 바르게 키우지 못했으면 거기에서 끝나는 문제가 아니라, 그로 인해 이후에도 일반적인 육아가 효과를 못 보게 되기 때문입니다.

부모의 변신은 무죄입니다. 아니, 변신하지 않으면 유죄입니다. 도로교통법이 바뀌면 당연히 새 법규에 맞춰 차를 몰아야 해요. 그러지 않으면 죄를 묻죠. 물론 법규가 바뀌지 않는 동안에는 그대로 차를 몰아야 하고요. 즉, 올바로 운전하려면 법규가 바뀌었는지 안 바뀌었는지 알아야 합니다.

아이를 키울 때도 육아의 규칙이 바뀌는 시기가 있습니다. 규칙이 바뀌면 그에 맞게 부모도 변신해야 합니다. 그러려면 언제 어떻게 육아의 규칙이 바뀌는지 알고 있어야 합니다. 그런데 도로교통법이 바뀔 때는 언론 매체 등을 통해 홍보가 되겠지만, 부모가 육아 방식을 바꿔야 할 때는 아무도 알려 주지 않습니다.

"이번 달 며칠부터 당신의 자녀를 키우는 규칙이 바뀝니다."

아무도 이런 말을 해 주지 않습니다. 따라서 대략 20년이나 걸리는 육아의 길을 어떻게 운전해 나가면 되는지, 부모가 미리 알고 있어야 합니다.

육아를 계속 운전에 빗대었습니다만, 육아는 운전에 비할 수 없이 힘들죠. 운전자에겐 운전 기술이 좋다거나 나쁘다는 표현을 흔히 씁니다. 하지만 육아에 기술이란 단어를 붙이는 것은 불경한 느낌입니다. 그만큼 육아는 부모가 온몸과 온 마음을 다해 발휘해야 하는 기술이기 때문입니다.

동물로 비유하자면 부모는 카멜레온이 되어야 합니다. 카멜레온은 상황에 따라 적절한 색깔로 자기 자신을 바꾸는 동물입니다. 부모는 카멜레온처럼 다양한 색깔의 육아 기술을 자유자재로, 그리고 온몸으로 구사할 수 있어야 합니다.

올바른 육아의 원칙과 기술을 알면 부모의 마음이 편해집니다. 아이를 키우는 원리를 잘 알고 있으면 상반되는 조언 사이에서도 흔들리지 않고 중심을 잡을 수 있습니다.

올바른 육아는 발달 단계에 따라 달라집니다. 발달 단계를 알고 그에 맞게 아이를 키우는 것이 올바른 육아의 기초입니다. 즉, 아이의 발달 단계에 장단을 맞춰 부모가 추는 춤이 달라져야 합니다.

애착, 훈육, 자립의 키워드를 기억합시다. 그런데 선행 단계를 잘 준비해놓아야 다음 단계가 편해집니다. 다시 말해, 각 발달 단계에서 필요한 정신적 영양분을 충분히 섭취한 아이가 그다음 단계의 육아도 잘 소화할 수 있습니다. 아이가 어릴 때부터, 아니, 아이가 태어나기 전부터 부모가 3단 변신 육아를 미리 알고 있는 게 중요한 이유입니다. 이는 또한 20년의 양육 기간 중에 어느 일부만이 아니라 전체를 포괄해서 이해하고 있어야 하는 이유이기도 하죠.

2부

애착(0~3세)
부모가 사랑하는 만큼
잘 자라는 아이들

육아의 기본 원리를 아는 것이 중요합니다. 이것만 제대로 알고 있으면 아이를 키우면서 맞닥뜨리는 여러 가지 상황에서 부모 스스로 답을 발견할 수 있습니다. 그 첫 번째 키워드는 애착입니다. 0~3세는 나중에 등장할 훈육과 자립의 기초 공사를 하는 중요한 시기입니다. 이와 더불어 육아의 전 과정에서 꼭 필요한 구체적인 기술들 중 기본기가 되는 두 가지 기술을 소개하려고 합니다.

세상에 대한
신뢰가 싹트는 시기

대상	연령	핵심 단어	깨달음	목표
아기	만 1~2세까지	신뢰 안정 희망	〈무조건적 사랑받기〉 세상이 날 사랑해 주는구나! 세상은 살 만하구나!	애착

태어나서 첫 1~2년, 아기가 만으로 한두 살이 될 때까지를 아이의 성장 1단계로 구분합니다. 한 살이 넘으면 아기라고 부르기 어색할 수 있지만, 편의상 여기서는 '아기'로 통칭하려 합니다.

이 시기에는 아기의 마음속에서 신뢰, 안정, 희망이 건강한 싹을 틔워야 합니다. 물론 이런 단어들을 아기가 알 순 없지만 마음으로, 아니, 몸으로는 느껴서 알 수 있습니다.

갓난아기 때는 내가 원하는 걸 내가 스스로 하지 않아도 저절로 이루어지는 시기입니다. 부모가 와서 해결해 주니까요. 무조건 다 받아 주고 반응해 주죠. 부모는 아기의 요구를 최대한 들어주고 기분을 최대한 맞춰 주려고 노력합니다. 아기 입장에선 어떻게 해서 자신의 요구가 해결되었는지도 잘 모르죠. 부모란 존재가 뭔지도 모르고, 아직 나와 남의 구분조차 흐릿하고요. 그냥 세상이 저절로 해결해 준 겁니다. 덕분에 아기의 마음에선 매우 중요한 씨앗 하나가 싹을 틔웁니다. '이 세상은 살 만한 곳이구나' 하는 신뢰감이 그것입니다.[1]

물론 만 2세가 되기 전에 아기도 타인을 어느 정도 인식할 수 있습니다. 대표적인 현상으로 낯가림이 있는데, 낯선 사람을 보면 겁을 먹는 것입니다. 낯가림은 보통 생후 8개월 전후로 뚜렷한데요. 그즈음 아기 모습이 어땠는지 잘 기억나지 않으면 돌 무렵을 떠올려 봐도 됩니다. 돌잔치 때는 낯선 손님들이 많이 오니까 이때 아기가 어땠는지 떠올려 보면 되거든요.

사실 돌 무렵에는 이 밖에도 많은 변화가 일어나죠. 아이가 직립 보행을 하는 것도 만 1세경이잖아요. 보통 첫 단어 표현도 만 1세면 시작하고, 부모가 "안 돼!"라고 하는 것도 벌써 이해하고요. 그렇다면 이 시기에 한 번 단계를 나눠 줘야 하지 않을까요?

하지만 저는 1단계(아기)와 2단계(어린이)의 구분 시기를 만 1~2세로 다소 유연하게, 기왕이면 만 2세로 보는 것이 좋다고 생각하며, 아이에 따라서는 시기를 더 늦춰서 설명하기도 합니다. 다음과 같은 이유 때문입니다.

아기가 어떤 사물을 대할 때, 자기가 그 사물을 감각하는 동안에만 사물이 존재하는 게 아니라는 것을 인식하는 때가 만 2세 정도라고 합니다.[2] 자기가 볼 때든 안 볼 때든, 만질 때든 안 만질 때든, 그 사물은 자기랑 상관없이 계속 있다는 걸 알게 되는 거죠. 비록 만 2세라는 기준 자체에 전문가들 사이에서 논란이 있습니다만, 적어도 대상이 계속 있다는 인식이 생겨야 아기는 자기를 돌봐 주는 사람에게 충분한 '애착'을 경험하고 다음 단계의 육아로 넘어갈 수 있지 않을까 합니다.

비슷한 얘기로 엄마가 곁에 없을 때도 엄마가 계속 존재한다는 것을 아기가 알고, 마음속에서 엄마를 떠올림으로써 아기가 위로를 받고 안심할 수 있게 되는 시기를 만 2세 이후로 봅니다.[3] 이렇듯 엄마라는 개체에 대한 내적 표상이 아기 마음에 어느 정도 생기기 시작한 뒤에 적절한 훈육을 하는 것이 좋다고 생각합니다.

이분법적으로 구분할 일은 아닙니다만, 만일 양자택일을 해야 한다면, 훈육의 시기를 만 1세로 앞당기기보다는 무조건적 사랑을 만 2세까지 연장하는 것이 더 유리할 때가 많습니다. 아기의 마음속에 세상에 대한 신뢰, 안정, 희망이 충분히 싹트는 것이 매우 중요하기 때문입니다.

우리는 아기 때의 이 신뢰감을 평생 그리워하는지도 모릅니다. 그렇기에 진심으로 간절히 원하면 어떤 우주 에너지가 움직여 소원을 들어준다는 주장에 곧잘 현혹됩니다. 그건 바로, 우리가 세상에 태어나 첫 1~2년 동안 부모 품에서 느꼈던 마음인데요. 그 1~2년이 지나고 나면 세상은 더 이상 아기 때와 같지 않죠.

아이와 건강한
애착을 형성하자

부모의 변신 1단계는 바로 아기가 태어날 때 찾아옵니다. 부모가 되어, 아기에게 무조건적 사랑을 공급하는 자애로운 존재로 거듭난 그 순간이 카멜레온 변신 1단계입니다. 이때는 너무 정신없이 지나가서 자신이 변신한 것도 잘 모를 거예요. 나중에 돌아보니 문득 처녀 총각 때나 신혼 때와는 많이 달라져 있음을 깨닫죠.

아기가 태어나면 애써 변신하려고 노력하지 않아도 대부분의 부모들이 저절로 변신합니다. 갓난아기가 어떤 상태인지, 그래서 어떻게 대해야 할지를 알고 있다는 뜻이죠. 초보 부모이고 육아 지식이 별로 없다 해도 직관적으로 알고 있는 거예요. 다 받아 주고 반응해 주잖아요. 아기가 울면 왜 우는지를 파악해서 무조건 해결해 주려고 부모는 노력합니다. 배고픈 것 같으면 먹여 주고, 졸린 것 같으면 잘 자라고 달래 주며, 불편한 것 같으면 자세를 바꿔서 안아 주고, 지루한 것 같으면 재미있는 자극을 주고요.

이렇게 자기를 돌봐 주는 사람을 통해 아기는 세상을 신뢰하게 됩니다. 그 사람에 대한 신뢰가 곧 세상에 대한 신뢰로 이어집니다. 아기에겐 그 사람의 품 안이 마치 세상 전체처럼 느껴질 테니까요. 이 신뢰감이 잘 싹을 틔워 마음에 든든하게 뿌리내리면 평생에 걸쳐 큰 힘이 되겠죠.

덕분에 우리는 한 치 앞을 알 수 없고 우연이 지배하는 냉엄한 현실 속에서도 어느 정도 평온과 안정을 유지할 수 있습니다. 끊임없이 되풀이되는 실패와 좌절 속에서도, 아기 때 형성된 세상에 대한 신뢰감이 깊이 뿌리내리고 있기에 다시금 희망이 샘솟곤 합니다. 내가 울음을 터뜨리면 세상이 다가와 편하게 해 줄 거라는 믿음이 있으니까요.

이 같은 신뢰감이 자리를 잡으려면 아기는 무조건적인 사랑을 받아야 합니다. 어떻게 보면 종교에서 말하는 신의 사랑과 비슷한 사랑입니다. 선악이나 잘잘못에 관계없는 사랑이잖아요. 발가벗고 있어도 부끄럽지 않은 사랑이고요.

이런 사랑을 주는 존재는 보통은 부모, 그중에서도 엄마이지만 꼭 그럴 필요는 없습니다. 누군가 한 사람이 이 시기에 아기 곁을 지키면서 헌신적으로 보살펴 주면 됩니다. 그 사람은 엄마일 수도, 아빠일 수도, 할머니나 할아버지일 수도, 때로는 고용된 보모일 수도 있죠. 다만 명심하세요. 아기에게 그 사람은 부모도, 조부모도, 봉급 받고 일하는 타인도 아닙니다. 아기에게 그 사람은 세상 전체입니다.

따라서 일정한 양육자가 아기 곁을 지키면서 잘 반응해 주는 게 중요합니다. 그럼 아기도 느끼겠죠. '아, 세상이 날 사랑해 주는구나!' 힘들어서 울면 곧 세상이 힘든 걸 해결해 주더라고 말이에요. 그렇게 아기는 깨닫습니다.

'그래, 세상은 살 만하구나!'

이렇듯 아이의 정신 발달 1단계에서는 특정한 한 사람이 이 세상의 대리인 역할을 해 줘야 합니다. 그 과정에서 아기는 양육자와 특별한 관계를 맺는데, 이를 '애착'이라 합니다.[4]

보통 만 1세 전후로 애착이 매우 강렬해져서 아기는 양육자와 안 떨어지려고 합니다. 이것이 바로 '분리불안'입니다. 분리불안은 만 1세, 그러니까 생후 12개월 전후로 최고조에 이르렀다가 생후 18개월이 지나면서 점차 수그러드는 게 보통입니다. 다시 말해 이 시기의 분리불안은 건강한 불안이라 할 수 있어요. 많은 부모님들이 불안이라면 무조건 부정적인 것이란 편견을 갖고 있습니다. 제가 진료실에서 분리불안에 관해 물어보면 다음과 같은 대답을 종종 듣거든요.

"저희 아이는 그런 거 없이 어릴 때 다 정상이었어요."

분리불안이 있어야 정상이라는 걸 설명한 뒤에 다시 물어보면 그제야 곰곰이 기억을 더듬어 봅니다.

오해 없기 바랍니다. 이 세상 어느 부모도 아기 곁을 완벽하게 지키거나 아기의 요구에 완벽하게 반응할 순 없습니다. 그건 불가능하죠. 그렇게 완벽하게 해 주면 아기에게 좋긴 하냐고 제게 물어도 대답할 수가 없습니다. 불가능한 일이니 저도 그런 경우를 본 적이 없고, 본 적이 없으니 그것이 아기에게 좋은지 아닌지 저도 알 수가 없거든요.

다만 너무 완벽하게 하려다가 부모가 탈이 날 수는 있습니다. 그런 경우는 많이 보았어요. 두 살배기 딸을 둔 한 엄마의 이야기입니다. 이 엄마는 맞벌이로 직장에 나가다 보니 종일 아이와 같이 있을 수가 없었죠. 근처에 사시는 친정어머니가 아이를 돌봤는데, 엄마는 항상 죄책감을 느꼈습니다. 엄마는 거의 매일 '내가 과연 아이한테 잘하고 있는지'를 고민했습니다. 그래서 아이가 부족함을 느끼지 않도록 최고로 잘해 줘야 한다고 생각한 나머지 '완벽한 엄마'가 되려고 노력합니다. 육아 서적을 쌓아 놓고 보는 건 기본, 아이 제품을 사는 데 돈을 아끼지 않고 이유식도 완벽하게, 배변 훈련도 완벽하게 해내려 합니다. 그러다 보니 아이를 돌봐 주는 친정어머니의 행동 하나하나가 마음에 들지 않고, 아이의 조그마한 행동 하나에도 예민해집니다. 엄마 스스로도 매일이 스트레스입니다. 아이한테 잘해 주려고 하면 할수록 걱정이 많아지고 짜증만 납니다.

부모가 탈이 나면 당연히 아기에게도 안 좋죠. 그러니 지나친 걱정은 하지 마세요. 열심히 아기 곁을 지키고 최선을 다해 반응해 주다 보면 감을 잡을 수 있을 테니까요. 마치 운전을 배울 때 초보 실습생에서 시작해 금방 능숙한 운전자가 되는 것처럼 말이에요.

병원에는 육아에 어려움을 겪는 부모님들이 많이 방문합니다. 물론 아이에게 일차적으로 문제가 있어서 치료가 필요한 경우도 많지만, 때로는 단순히 육아 방법에 대한 부모님의 궁금증을 해소하거나 조언을 제공하는 것만으로 해결이 가능한 경우도 있고, 간혹 부모님의 우울증 치료 등 아이와는 별도로 부모님의 진료가 필요한 경우도 있습니다. 가령 어머니의 우울증이 치유되어 아이에게 올바른 육아를 할 수 있게 되고, 그러면서 아이의 문제 행동이 자연스레 호전되는 것이죠.

육아를 어떻게 해야 할지 도무지 감이 안 오고 모르겠다고 해도 당황할 필요 없어요. 저 같은 사람한테 와서 물어보면 되잖아요. 책은 어디까지나 불특정 다수를 위한 것이고, 상담은 개개인에 맞춰 하는 것이니 큰 차이가 있거든요. 아무튼 부모도 사람이고, 모든 사람은 나이 불문하고 조금씩은 어린아이입니다. 어린아이가 완벽할 수 없듯이, 세상에 완벽한 부모란 없습니다.[5]

물론 아기의 건강한 애착 발달을 방해하는 육아도 있긴 해요. 조심해야 하죠. 육아를 충분히 잘하고 있는데 지나치게 걱정하는 것도 문제이지만, 아기의 애착 발달이 방해받고 있는데 전혀 눈치를 못 채고 있어도 안 되겠죠. 그러니 이제 이에 대해서 자세히 알아봅시다.

안정적인 애착을
방해하는 것들

앞에서 설명했듯이 생후 첫 1~2년은 양육자가 아기에게 무조건적 사랑을 주는 시기입니다. 이를 통해 아기는 양육자에게 애착이 생기고, 건강한 애착은 세상에 대한 신뢰, 안정, 희망으로 이어집니다. 부모가 아기에게 무조건적인 사랑을 주는 건 당연하고 자연스러운 일이죠.

그래서 이 시기에 부모의 카멜레온 변신은 의식적으로 노력하지 않아도 저절로 일어나곤 합니다. 대부분의 부모들이 자신도 모르게 아이의 요구를 다 받아 주고 반응해 주는 자애로운 존재로 거듭나 있습니다. 하지만 이 같은 변신이 방해를 받는 일도 있습니다. 어떤 경우가 있을까요?

○ ●● 어머니의 우울

아기를 낳아 키우는 건 부모의 삶에서 엄청난 변화입니다. 밤낮없이 울고 보채는 아기를 돌보느라 육체적으로도 너무 힘들죠. 아기가 커서 성인이 될 때까지 우리 부부가 과연 잘 키울 수 있을까, 내가 과연 좋은 부모가 될 수 있을까, 부담감이 밀려옵니다. 부부만 단출하게 살던 생활도 흐트러지고, 애정을 쏟을 대상도 배우자에서 아기 쪽으로 옮겨 가므로 간혹 섭섭한 마음이 들 수도 있습니다.

특히 여성의 입장에서는, 임신 기간 동안 살도 붙고 몸이 변하니 자존감이 저하되기도 하고, 예전의 날씬한 몸매로 돌아갈 수 있을지 걱정이 되기도 합니다. 젊은 시절의 나에게 영영 이별을 고하는 상실감이 느껴질지도 모릅니다. 여기에 더해 커리어 지속 가능성에 대한 불안, 경제적인 고민, 육아로 지친 몸, 아무도 도와주지 않는 서운함 등 아기를 낳아 기쁠 이유도 많지만 동시에 우울할 이유도 많은 셈입니다.

그래서인지 산후에는 며칠 동안 일시적으로 눈물이 나고 우울한 일이 흔합니다. 절반 이상의 여성이 출산 후 슬프고 불안하고 짜증스러운 상태를 겪는다고 해요. 의존적인 면모를 보이기도 하고요. 하지만 다행히 며칠 지나면 저절로 나아질 가능성이 높죠.

이처럼 우울한 기분이 잠시 들다가 가볍게 지나가는 경우도 있지만, 어떤 경우엔 심각한 산후우울증이 찾아오기도 합니다. 산후우울증이 오면 아기를 해치고 싶은 생각이 떠오를 수 있고 실제로 행동에 옮기기도 해요.

이토록 무서운 상태까지는 가지 않더라도, 엄마에게 우울증이 오면 일반적으로 어떻게 될까요? 단지 우울한 기분, 슬픈 느낌만 드는 게 아니에요. 즐거움과 의욕을 잃게 됩니다. 에너지가 고갈되는 거예요. 짜증도 많아지고요. 그런데 이 시기에 아기는 무조건적인 사랑이 필요합니다. 그러하니 양육하는 입장에서 얼마나 에너지가 많이 필요하겠어요. 즐거움이 있어야 그런 에너지가 솟아날 텐데 의욕이 없고 짜증만 난다면 아기가 필요로 하는 헌신적인 보살핌을 주기 어렵겠죠. 이런 이유로 아기에게 적절히 반응해 주질 못하는 기예요.

게다가 우울증이 오면 '내가 뭔가 잘못하고 있구나!' 혹은 '난 참 쓸모없는 인간이구나!' 하는 생각이 들기도 해요. 그런데 에너지가 고갈되어 실제로도 아기에게 잘하지 못하고 있다면 자책하는 마음과 자괴감이 더 커지겠죠. 그럼 더 우울해지고, 에너지가 더 떨어지고, 아기에게 더 미안해지고, 자신이 더 쓸모없는 것 같고…. 악순환에 빠져 버리는 겁니다. 별것 아니게 시작된 우울증이 눈덩이 굴러가듯 불어나 감당을 못 하게 될 수도 있어요. 당연히 아기에게도 안 좋겠죠. 이런 경우 애착 형성에 문제가 생길 수 있습니다.

여기서 문제를 하나 내겠습니다. 바라고 바라던 아기가 태어났을 때, 이제부터 가장 신경 써야 할 것이 무엇이겠습니까? 모유 수유? 영양? 위생? 안정적인 애착? 네, 모두 정답입니다. 그런데 지금 제가 생각하고 있는 답은 따로 있습니다. 아기가 태어난 후 가장 신경 써야 할 것, 그것은 바로 '엄마'입니다.

더 정확히 말해서 '엄마의 행복'입니다. 엄마와 아빠가 함께, 행복한 엄마를 만들기 위해 노력해야 합니다. 그게 다 우리 아기를 위하는 길이기 때문입니다.

산후우울증은 출산 후 도와주는 사람이 없어 막막할 경우에 더 생기기 쉽습니다. 따라서 엄마가 우울증이 안 생기도록 주변에서 도와줘야 합니다. 남편도 시간을 내어 산모와 아기를 돌보고, 다른 가족 친지가 와서 도와줄 수도 있겠죠. 아기를 직접 돌봐 줄 수도 있고, 집안 살림을 맡아 줘서 간접적으로 육아 부담을 덜어 줄 수도 있습니다. 경제적 형편이 허락한다면 일주일에 며칠이라도 가사를 도와줄 사람을 고용할 수도 있습니다. 너무 시시콜콜하게 설명하는 것 같지만 실제로 이런 부분을 간과한 채 엄마는 엄마대로 고군분투하고, 아기는 아기대로 애착 발달이 부족해지는 경우가 많거든요.

아기 엄마가 필요로 하는 도움에는 육체적인 것도 있지만 마음에 관한 것도 있습니다. 본래 여성에게 임신과 출산은 생명을 창조하는 일에 성공했다는 기쁨과 함께, 이러한 창조를 자신의 여성성을 통해 실현해 냈기 때문에 성적 정체성을 확인하는 의미도 갖습니다. 남편은 이 같은 의미가 부각되도록 힘을 보태야 합니다. 아내가 젊은 날의 미모를 잃어버린 게 아니라 어머니가 됨으로써 더 아름답고 사랑스러운 여성으로 다시 태어난 거라는 메시지를 보내 주어야 합니다. 아기 아빠는 아기 사랑과 산모 사랑을 둘 다 표현하도록 애써야 하는 것이죠.

한편 아기 낳은 며느리를 못살게 구는 시부모들이 있는데, 어리석은 짓입니다. 며느리를 위해서가 아니라 아기에게 나쁘니까요. 이 경우 남편의 역할이 중요합니다. 중간에서 중심을 잘 잡아야 하고, 자립한 어른답게 때로는 자신의 생각과 입장을 부모에게 전해야 할 필요도 있습니다. 부모에게 징징대라는 말이 아니라, 아기를 보호하기 위해 육아의 원리를 바탕으로 당당히 소신을 밝히는 것입니다. 이 책을 참고 자료로 제시하면 됩니다.

물론 남편도 아빠가 된 부담감에 심란할 수 있어요. 책임감도 늘어나고, 때로는 아내의 사랑을 아기에게 빼앗긴 느낌이 들기도 하며, 아기가 태어남으로 인해 행복한 결혼 생활이 막을 내리는 건 아닐까 싶을 수도 있어요. 사실 아빠들도 아내의 임신부터 출산에 이르는 시기에 우울증이 오는 경우가 가끔 있다고 합니다.

따라서 부부가 서로 잘 도울 필요가 있습니다. 하지만 만일 평소에 부부 간 불화가 심했다면 산후우울증도 잘 올 테고, 한쪽에 우울증이 생겼을 때 다른 쪽에서 도와주기도 어렵겠죠. 또 평소의 부부 사이가 어땠는지와 관계없이 산후우울증이 워낙 심해서 마냥 지켜볼 수 없는 경우도 있습니다. 이런 경우 전문적인 치료가 필요할 때도 있습니다.

○●● 몸이 아픈 양육자

마음이 아니라 몸이 아파도 비슷한 문제가 생기겠죠. 엄마가 병을 앓고 있어 1단계 육아에 필요한 힘을 내지 못할 수도 있습니다. 또 요즘엔 할머니, 할아버지가 아기를 맡아 키우는 경우가 많습니다. 부모가 맞벌이를 하거나 각자 다양한 사정이 있기 때문이죠. 그럴 경우 많은 조부모들이 매우 헌신적으로 육아를 잘

해줍니다. 특히 다 받아 주고 예뻐해 주는 육아는 조부모들이 훨씬 능숙할 때가 많은 것 같습니다. 무조건적인 사랑을 줘야 하는 1단계 육아에 딱 알맞죠. 그래서 부모보다 할머니, 할아버지가 아기와 더 돈독한 애착을 만드는 경우가 드물지 않아요.

그런데 조부모는 연세가 많다 보니 아무래도 체력적으로 힘에 부칠 수 있습니다. 특히 몸에 병이 있는 경우라면 더욱 힘들 겠죠. 이로 인해 아기에게 적절히 반응해 주지 못할 수도 있습니다. 그러면 1단계 육아가 방해를 받게 됩니다.

이때 주의할 것이 또 있습니다. 막연히 몸이 안 좋다고 느끼지만 막상 발견된 신체 질환은 없는 분들이 있습니다. 그럴 때 그저 체력이 약하다고 치부하고 아무 조치 없이 시간을 보내는 경우가 많은데요. 구체적인 진단은 없지만 계속 기운이 없고 피곤하거나 원인이 불명확하게 여기저기가 아프다면 우울증도 생각해 봐야 합니다. 혹은 갑상선 질환 등 신체 질환을 앓고는 있는데 우울증도 함께 있으면, 몸도 더 아프게 느껴지고 건강에 대해 몹시 염려하게 되기도 합니다. 노인들의 경우 주관적으로 우울하다는 느낌 없이 우울증이 생기는 특징이 있어 더 주의를 요합니다.

○●● 치료받는 아이

양육자뿐 아니라 아기도 아플 수 있습니다. 병세가 심할 경우 입원 치료가 필요한데, 이로 인해 1단계 육아가 방해받을 수 있습니다. 잠시 입원하는 정도를 말하는 게 아닙니다. 수개월 넘게 병원을 떠나지 못하는 아기들도 있어요.

제가 서울대학교 어린이병원에서 인턴 생활을 할 때의 일입니다. 소아 중환자실의 작은 침대에는 작은 환자들이 누워 있었습니다. 그중 흉부외과 치료를 받는 아이들은 보기만 해도 가슴이 아팠습니다. 가슴에 세로로 길게 목 아래부터 명치까지 수술 절개선 흉터가 있었고, 그 가슴에 굵은 튜브가 여럿 꽂혀 있었죠. 동맥에는 혈압 측정 선, 정맥에는 중심 정맥압 측정 선, 요도를 통해 방광에는 도관이 꽂혀 있고, 그 외에도 심전도 측정 선, 산소 포화도 측정 선 등 아이들 몸에는 갖가지 달려 있는 장치들이 많았습니다. 그런 아이들이 침대마다 누워 괴로운 표정으로 숨을 헐떡이고 있었습니다.

아이의 성장 1단계는 아기의 마음속에서 신뢰, 안정, 희망이 건강한 싹을 틔워야 하는 시기라고 했습니다. 이를 위해 부모는 무조건 다 받아 주고 반응해 줍니다. 배고픈 것 같으면 먹여 주고, 졸린 것 같으면 잘 자라고 달래 주며, 불편한 것 같으면 자세를 바꿔서 안아 주고, 지루한 것 같으면 재미있는 자극을 주고요. 이를 통해 아기가 '이 세상은 살 만한 곳이구나' 하고 느끼도록, 아기로 하여금 내가 울음을 터뜨리면 세상이 다가와 편하게 해 줄 거라는 믿음을 가질 수 있도록 도와줍니다. 그러면 아기는 자기를 돌봐 주는 사람과의 애착을 통해 세상을 신뢰하게 됩니다.

하지만 위와 같이 치료를 받는 아이에겐 그럴 수가 없겠죠. 이런 아이들은 배가 고파도 금식을 해야 하고, 졸려도 성가신 치료를 계속 받아야 하며, 아파서 울음을 터뜨리는데도 계속 바늘에 찔릴 수밖에 없습니다. 그러니 부모는 아기가 원하는 대로 맞춰 주는 육아를 할 수가 없습니다. 게다가 치료를 위해 부모와 격리되어야 할 경우엔 애착 형성이 더 방해받을 수 있습니다.

모든 일엔 우선순위가 있습니다. 이처럼 아기의 건강 상태가 위중할 경우엔 아기에게 필요한 우선순위도 바뀝니다. 애착을 걱정하기에 앞서 생존을 걱정하고 심각한 신체 손상 및 후유증을 막는 게 우선이 되죠. 꼭 필요한 검사와 치료를 할 수밖에 없어요. 아기가 싫어해도 하지 않을 수가 없는 겁니다.

어쩔 도리 없이 세상에 대한 신뢰 형성은 뒤로 밀릴 수밖에 없습니다. 안타깝지만, 그래도 치료는 해야 합니다.

○ ◉ ● 양육자의 잦은 변동

양육자가 자주 바뀌는 경우도 있습니다. 부모의 직장 문제 등으로 몇 개월은 친할머니, 몇 개월은 외할머니, 몇 개월은 이모네, 또 몇 개월은 고모네 맡겨지는 식으로 번갈아 양육자가 바뀌는 거죠. 물론 양육자가 꼭 엄마일 필요는 없습니다. 여러 사람이 함께 아기를 돌봐 줄 순 있어요. 하지만 그 가운데 한 사람이 주된 양육자 역할을 맡아 지속적으로 아기를 보살펴 주는 게 바람직합니다.

가족 친지들이 와서 육아를 도와주는 것과 양육자가 자꾸만 바뀌는 것은 다릅니다. 아기에게는 일정한 양육자가 곁을 지키면서 잘 반응해 주는 게 중요합니다. 애착이 생길 만하면 양육자가 교체되는 육아 환경에선 애착이 생기기 어려울 겁니다.

이 대목에서 현대 산업화 사회의 육아를 돌아볼 필요가 있습니다. 먼저 전통적인 가정 환경을 떠올려 봅시다. 그때는 일단 한 지붕 아래 식구가 많았죠. 형제자매도 훨씬 많았고, 삼대 이상이 함께 살거나 친·인척 대가족이 모여 살곤 했습니다. 육아를 도와줄 사람들이 많았다는 얘기입니다. 심지어 마을 전체가 공동 육아를 하는 분위기가 있었죠. 게다가 일터도 집 근처의 논밭이니 아기를 데리고 일하러 가거나 아기를 집에 두고도 짬짬이

돌볼 수가 있었습니다. 많은 이들이 육아에 참여하지만 양육자가 자꾸 바뀐다기보다 여럿이 동시에 키우던 환경이었습니다.

그런데 산업화로 핵가족화되면서 현대 사회에서는 육아를 도와줄 식구가 대폭 줄어들고 말았습니다. 육아 초보인 부모 둘이서 육아의 전부를 떠안게 되었어요. 게다가 그 둘조차 맞벌이를 할 때가 많습니다. 일단 출근해 버리면 퇴근할 때까지 전혀 육아에 참여하지 못하는 형태의 맞벌이입니다. 물론 양육자가 여럿이 아니라 딱 한 명만 있어도 아기 곁에서 잘 반응해 줄 수 있으면 됩니다. 하지만 부모도 사람입니다. 직장에서 일을 마치고 돌아오면 지치고 피곤하기 마련입니다.

이 같은 상황을 전통적인 가정 환경과 비교해 보세요. 과연 오늘날에도 육아가 잘 이루어질 수 있을까요? 똑같이 잘 이루어진다면 오히려 이상하지 않을까요?

1단계 육아가 잘 이루어지지 못했을 때의 결과는, 세상을 향한 신뢰와 희망이 흔들리는 것입니다. 신뢰와 희망을 잃은 사람들로 이루어진 사회는 어떤 모습을 하게 될까요?

'체력이 국력'이란 말이 유행하던 시절이 있었습니다. 그런데 체력도 체력이지만 정신력이야말로 국력에 지대한 영향을 줄 겁니다. 그리고 정신력은 어떤 육아를 받느냐와 밀접한 관련이 있습니다. 따라서 한 나라의 흥망성쇠가 육아와 관련이 있더라는 연구 결과가 발표되어도 놀랍지 않습니다.

바른 육아를 개인 차원에서만 이루어 내는 데는 한계가 있습니다. 양육자가 자주 바뀌는 문제만 봐도 육아 휴직, 근로 시간, 임금 수준 등과 밀접하게 얽혀 있습니다. 이 같은 형편에 따라 어쩔 수 없이 아기를 여기저기에 맡겨야 하는 경우가 존재합니다. 따라서 사회 차원에서 해결해야 할 부분이 있습니다.

물론 전통적인 가정 환경이 다 좋기만 하다는 건 아니에요. 과거의 육아 환경이 어디 바람직한 측면만 있었겠어요. 맞벌이나 핵가족 현상과 같은 오늘날의 변화된 모습을 다시 과거로 되돌려야 한다고 생각하지도 않습니다. 게다가 현대 사회에 단점만 있는 건 아닙니다. 과학 기술의 발전 덕에 양육자가 가사 노동 시간을 줄이고 더 적극적으로 아기에게 반응해 줄 수 있는 여건이 마련되었습니다.

다만 잊지 말아야 할 사실이 있습니다. 부모는 아기뿐 아니라 아기가 살아갈 사회까지 책임져야 합니다. 너무 거창하게 들린다면 소박한 말로 바꿔 보겠습니다.

"바른 사회에서 아기도 잘 키울 수 있습니다."

당연한 말입니다. 아기에게 최선을 다하려면 사회에 대한 책임도 다해야 합니다. 아기가 살아갈 사회가 건강해야 그 속에서 아기도 건강하게 자라겠죠. 우리 사회의 육아 환경이 무너진다

면 어떻게 내 아기만 잘 키울 수 있겠어요. 자녀를 양육하는 부
모와 사회를 양육하는 부모는 따로 떨어질 수 없습니다.

민감성
민감하게 반응하며 인내심을 발휘하기

갓난아이는 말을 잘하지 못합니다. 자신의 욕구를 표현하는 방법으로 '울음'밖에 알지 못합니다. 부모란 존재가 뭔지도 모르고, 아직 자신과 남을 구분하지 못하죠. 이때 아이는 자신이 원하는 걸 스스로 하지 않아도 저절로 이루어지는 것을 보며 세상에 대한 신뢰감을 가지게 됩니다. '아, 세상이 나를 사랑해 주는구나', '이 세상은 살 만한 곳이구나', '내가 사랑받을 가치가 있는 아이구나' 하고요. 그것이 결국 아이가 얻을 자존감의 기초가 됩니다. 부모와의 애착이 잘 이루어진다면 말이죠. 그렇다면 부모가 자녀와 건강한 애착을 형성하려면 어떻게 해야 할까요?

출생 후 만 2세까지 이 시기에 가장 중요한 건 아기들이 보내는 신호에 잘 반응해 주며 일관된 사랑을 주는 것입니다. 이때 부모의 민감성이 필요합니다. 울면 왜 우는지 원인을 파악해서 무조건 해결해 주려고 해야 하죠. 배고픈 것 같으면 먹여 주고, 졸린 것 같으면 잘 자라고 달래 주고, 불편한 것 같으면 자세를 바꿔서 안아 주기도 해야 합니다. 지루해 하는 것 같으면 재밌는 놀잇감을 손에 쥐여 주기도 해야 하죠. 아이의 상태를 면밀하게 관찰해 그에 필요한 적절한 자극을 주어야 한다는 것입니다.

식물학에는 '리비히의 최소량의 법칙'이 있습니다. 식물의 생산량은 가장 소량으로 존재하는 성분에 의해 지배받는다는 법칙입니다. 식물이 성장하기 위해서는 다양한 영양분이 필요하잖아요. 햇빛도 필요하고, 인도 필요하고, 질소도 필요하고요. 그런데 딱 하나를 제외한 다른 영양분을 최대치로 공급하더라도 어느하나가 부족하면 그 부족한 것에 맞추어 성장한다고 합니다. 아이들도 마찬가지입니다. 앞으로도 계속 이야기하겠지만 자녀의 성장 1단계에 형성되어야 하는 애착은 아이에게 가장 최소한의 영양분과 같습니다. 이때 부모들은 '안정적 애착'을 목표로 육아에 몰입해야 합니다. 이 시기에는 자녀의 마음속에서 신뢰와 안정, 희망을 건강하게 싹틔워야 한다는 것이 육아의 핵심입니다.

아이의 욕구를 민감하게 충족시켜 주어야 한다고 하면 많은 부모들이 걱정합니다. 맞벌이라서, 첫째가 있어서, 다른 볼일이 있어서 등등이 그 이유이죠. 하지만 꼭 부모만이 이런 역할을 해 줘야 한다는 말은 아닙니다. 누군가 한 사람이 이 시기에 아기 곁을 지키면서 헌신적으로 보살펴 주면 됩니다. 그 사람은 엄마일 수도 있고, 아빠일 수도 있으며, 할머니나 할아버지일 수도 있습니다. 때로는 고용된 보모일 수도 있고요.

누구든 특정한 한 사람이 아이를 위한 이 세상의 대리인 역할을 해 줘야 한다는 게 핵심입니다. 그 과정에서 아기는 양육자와 특별한 관계를 맺게 되는데, 이를 '애착'이라고 하는 것이죠. 건강한 애착 형성을 통해 아이가 세상을 향해 갖게 되는 신뢰감은 평생에 걸쳐 큰 힘이 됩니다. 아기 때 쌓은 신뢰감이 튼튼하면 성인이 되어 끊임없이 되풀이되는 실패와 좌절 속에서도 아이는 곧잘 다시 희망을 품게 됩니다. 아기 때가 그 어느 시기보다 중요한 단계인 이유이기도 합니다.

관계
화목한 가정과 애정 어린 부부 관계

진정한 애착이 시작되는 또 다른 지점은 화목한 가정과 애정이 있는 부부 관계입니다. 부모가 아이에게만 잘해 주고 정작 두 사람은 시끄럽게 다투는 등 불화가 잦다면 어떤 상황이 벌어질까요? 이 역시 부모와 아이 사이의 안정적인 애착을 방해하고 아이에게 세상에 대한 신뢰를 줄 수 없을 것입니다. 다만, 이때 애정이 있는 부부 관계라 함은 아이를 낳기 전처럼 둘만의 오붓한 시간을 즐긴다는 의미는 아닙니다. 아이를 우선시하면서 부모 각자가 아이에게 최선의 애정을 쏟을 수 있게끔 서로를 돌본다는 의미입니다.

가령 집에 손님이 와서 며칠 묵는다고 하면 집주인으로서 그 동안은 손님 위주로 신경을 쓰겠죠. 그런데 새로 태어난 아기는 이 세상 자체가 처음인 손님입니다. 그것도 가장 여리고 약한 손님입니다. 당연히 한 가정의 주인인 부부는 아기 위주로 신경 쓰고 노력할 수밖에 없습니다. 이런 상황을 부부가 서로에게 서운해 할 필요는 없습니다.

만약 소중한 친구가 며칠간 손님으로 우리 집에 묵게 되었는데 배우자가 친구에게 신경을 안 써 주면, 설령 나한테는 평소와 똑같이 잘해 주더라도 손님에 대한 배려 없이 생활한다면, 그게 오히려 서운할 일일 겁니다. 그러니 아기라는 공동의 손님에게 각자 최선의 배려를 하고 신경을 쓰는 건 당연합니다.

하지만 만약 공교롭게도 부부 싸움을 한 날 집에 손님이 오면 분위기가 냉랭할 수밖에 없겠죠. 당연히 손님도 차가운 분위기를 느낄 테고요. 그러니 손님이 올 예정이라면 가급적 부부 싸움이 일어나지 않도록 노력하는 것이 현명합니다. 그 자체가 결국 손님을 위하는 길이기도 하고요.

아기라는 귀한 손님을 맞이하는 일도 마찬가지입니다. 부모 각자가 아이와 맺는 관계는, 부부 둘 사이의 관계로부터도 영향을 받을 수밖에 없다는 뜻입니다. 아직 어린 아기가 무얼 알겠느냐고 하시는 분들도 있지만, 부부 사이의 분위기는 아기에게 상당 부분 전달이 됩니다. 아이만 감싼다고 해서 애착이 형성되는 것이 아님을, 진정한 애착 형성은 화목한 가정과 애정 가득한 부부 관계에서 시작됨을 기억하시기 바랍니다.

아기는 자기를 돌봐 주는 사람을 통해 세상을 신뢰하게 됩니다. 그 사람에 대한 신뢰가 곧 세상에 대한 신뢰로 이어집니다. 아기에겐 그 사람의 품 안이 마치 세상 전체처럼 느껴질 테니까요. 이 신뢰감이 잘 싹을 틔워 마음에 든든 하게 뿌리내리면 평생에 걸쳐 큰 힘이 되겠죠. 이를 위해 특정한 한 사람이 이 세상 의 대리인 역할을 해 줘야 합니다. 그 사람이 바로 부모입니다. 부모가 되면, 우리 는 아기에게 무조건적 사랑을 공급하는 자애로운 존재로 거듭납니다. 그 결과 아기 는 양육자와 특별한 관계를 맺는데, 이를 '애착'이라 합니다. 이를 통해 아기의 마음 속에서 신뢰, 안정, 희망이 건강한 싹을 틔워야 합니다.

아기가 태어난 후 가장 신경 써야 할 것, 그것은 바로 '엄마'입니다. 더 정 확히 말해서 '엄마의 행복'입니다. 갓 태어난 아기에겐 무조건적인 사랑이 필요합니다. 양육하는 입장에서 에너지가 많이 드는 일이지요. 즐거움이 있어야 그 런 에너지가 솟아날 텐데 의욕이 없고 짜증만 난다면 아무리 마음을 굳게 먹어도 아기가 필요로 하는 헌신적인 보살핌을 주기 어렵겠죠. 따라서 엄마와 아빠가 함 께, 행복한 엄마를 만들기 위해 노력해야 합니다. 그게 다 우리 아기를 위하는 길이 기 때문입니다.

때로는 너무 완벽하게 하려다가 부모가 탈이 날 수도 있습니다. 부모가 탈 이 나면 당연히 아기에게도 안 좋죠. 그러니 지나친 걱정은 하지 마세요. 부모도 사람이고, 모든 사람은 나이 불문하고 조금씩은 어린아이입니다. 어린아이가 완벽할 수 없듯이, 세상에 완벽한 부모란 없습니다.

아기에게 최선을 다하려면 사회에 대한 책임도 다해야 합니다. 아기가 살아갈 사회가 건강해야 그 속에서 아기도 건강하게 자랄 테니까요. 자녀를 양육하는 부모와 사회를 양육하는 부모는 따로 떨어질 수 없습니다.

3부

훈육(4~12세)
부모가 가르치는 만큼
잘 자라는 아이들

자녀를 키우는 동안 육아의 규칙이 언제 어떻게 바뀌는지, 그에 맞춰 부모가 마치 카멜레온처럼 무슨 색깔로 변신해야 하는지 하나하나 살펴보는 중입니다. 그런 기본 원리 위에 양념처럼 섞어 최선의 육아 배합을 만들어 낼 구체적인 기술들도 더불어 소개하고 있습니다. 자, 이번에 공부할 두 번째 키워드는 훈육입니다. 하지만 이 훈육은 아이에게 윽박지르고 혼낸다거나, 아이의 잘못된 행동마다 사사건건 잔소리하는 그런 훈육을 말하는 것은 아닙니다.

개체성과 주도성이
나타나는 시기

대상	연령	핵심 단어	깨달음	목표
어린이	유치원생 초등학생 (약 4~5학년까지)	개체성('나'와 '남') 주도성 역할 및 규칙	〈스스로 하기〉 해야 하는 일들이 있구나! 해선 안 되는 일도 있구나!	훈육

아이의 정신 발달 2단계를 살펴봅시다. 어린이라고 했지만 유아도 포함하며, 1단계를 지난 뒤부터 사춘기 전까지를 말합니다. 사춘기 시작을 보통 초등학교 5~6학년 때로 보니까 그 전까지라 할 수 있습니다. 이 시기에 아이의 마음에선 '개체성'과 '주도성'이 싹트게 됩니다. 물론 이 단어들을 아이에게 가르칠 필요는

없습니다. 부모만 이 두 단어를 기억하시면 됩니다.

○◉● 나와 남을 분리할 수 있는 시기

개체성이란 '내가 있다', '남들이 있다', '나란 개체가 있음과 동시에 다른 사람(개체)들이 공존하고 있다'는 걸 깨닫는 것입니다. 아기 때도 이 같은 인식이 아예 없는 건 아닙니다. 하지만 이때는 나와 남의 구분이 모호합니다. 아기 때는 내가 원하는 것을 남들이 다 들어주는 시기라고 했습니다. 이를 통해 아기 마음속엔 세상에 대한 신뢰감이 자리를 잡지만, 그렇기 때문에 남들이 나와 다르지 않을 거란 기대감도 있습니다. 분리가 덜 된 셈이죠.

이를 더 세분하자면 아기가 출생 전에 엄마와 정말로 한 몸이던 시기, 출생 후 엄마와 몸이 분리되었지만 여전히 한 몸처럼 인식하는 시기, 그리고 엄마와 분리된 걸 점차 알아 가지만 마치 한 몸이나 마찬가지로 의존하는 시기 등으로 더 구분할 수 있습니다.[6] 하지만 이런 구분들은 솔직히 너무 복잡해요. 그냥 아기 입장에선 나와 남의 구분이 흐릿할 때라고만 기억합시다.

그러다가 한 살, 두 살 지나며 그 구분이 점점 명확해집니다. 이는 아이의 운동 발달 때문이기도 합니다. 만 한 살에서 두 살에 이르는 동안에 많은 아이들이 아장아장 걷다가 뛰어다니게 됩니다. 그러면 부모한테서 "안 돼! 멈춰! 위험해!" 같은 말을 훨씬 더 자주 듣게 되죠. 기어 다닐 때도 어느 정도 이런 말들을 듣긴 하지만 뛰어다니는 아이는 차원이 다릅니다. 기껏 어쩌다가 더러운 걸 만지려 하거나 입에 넣으려 할 땐 "에이, 지지" 정도면 충분하죠. 하지만 순식간에 찻길로 쪼르르 뛰어가면 부모는 다급하게, 또 강하게 제지할 수밖에 없습니다. 다 받아 주고 들어 주는 부모가 더 이상 아닌 겁니다.

이 시기의 언어 발달 또한 아이에게 비슷한 깨달음을 줍니다. 아기 때는 말을 잘 알아듣지 못하니 부모의 말투와 표정이 뭔가 안 좋다는 정도만 느낍니다. 그러다가 이제는 확실히 "안 돼!"의 의미를 이해합니다. 내 마음이 곧 부모 마음인 줄 알았는데, 말뜻을 이해할 수 있게 되니 나와 부모가 다르다는 걸 구체적으로 깨닫게 되는 것입니다.

뿐만 아니라 아이가 클수록 집 밖에 외출할 일도 많아집니다. 밖에 나가서도 이젠 부모의 가슴팍에 얼굴을 묻고 있거나 유모차 그늘 아래에 있지 않습니다. 고개를 빳빳이 들고 여기저기 둘러볼 수 있습니다. 그러자 부모와 친지뿐 아니라 거리에 넘치는 수많은 타인들이 비로소 눈에 들어오네요! 놀이터나 유치원에선 수많은 또래 아이들을 만나게 되고요.

'와, 세상에 이렇게 많은 사람들이 살고 있구나!'

아기 때는 엄마가 곧 세상이었는데 그게 아니라는 걸 어린이는 발견합니다.

'엄마나 아빠도 많은 사람들 중 한 사람일 뿐이구나!'

그리고 깨닫게 됩니다.

'나도 많은 사람들 중 한 사람일 뿐이구나!'

이것이 '개체성'입니다.

1단계 아기 때와 비교해 보면 실로 엄청난 변화입니다. 자녀 입장에서 상상해 보세요. 내가 원하면 부모가 다 들어주는 줄 알았는데 내 마음과 부모 마음이 이렇게 다르다니요! 부모와 나는 일심동체인 줄 알았는데 그게 아니라는 걸 깨닫게 됩니다. 게다가 세상의 중심도 내가 아니라는 걸 깨닫죠.

이렇게 아이가 개체성을 깨달아 가는 과정을 보면 좀 슬픈 구석이 있습니다. 때론 '아이가 그걸 깨닫지 않고 살 순 없는 걸까?' 하는 안타까운 마음도 듭니다. 아이에게 계속 거짓말을 해서 그 잔인한 깨달음의 시기를 되도록 늦추는 상상도 해 봅니다. 실제로 과잉보호를 통해 그렇게 하려고 노력하는 어머니들도 많습니다. 이게 너무 지나치면 문제이지만, 또 결국은 허튼 노력에 불과하지만, 사실 알고 보면 우리 모두는 약간씩 그렇게 아이를 배려하고 있어요. 어린이의 동심을 지켜 주려 하잖아요.

○ ● ● 여전히 매우 자기중심적인 시기

개체성을 깨닫더라도 아이는 여전히 매우 자기중심적입니다. 남들의 관점을 잘 이해하지 못하고 자신의 관점이 유일무이한 관점일 거라고 이해하는 경향이 있습니다. 저도 어릴 적엔 어린이가 대한민국의 중심이고 어린이날이 가장 중요한 날인 줄 알았던 것 같아요. 그런데 저 같은 어린이에게 "그건 네 생각일 뿐이고 대한민국은 어른들이 지배하고 있다"라고 말해 줄 필요는 없죠.

자신이 세상의 중심이 아님을 깨닫는 과정은 점진적이고 시간이 오래 걸립니다. 그래서 다행히 덜 아픈 것 같습니다.

타인의 관점을 이해하는 건 대략 초등학생 정도 되어야 가능하다고 봅니다.[7] 즉, 몸의 개체성부터 깨닫고 몇 년이 지나야 마음의 개체성까지 깨닫는 셈입니다. 하지만 그 시점이 초등학교를 입학할 때로 딱 떨어지는 것 같진 않아요. 또 타인의 관점이란 것도 이해하기 쉬운 것부터 어려운 것까지 그 종류가 다양할 테니, 그에 따라 아이가 이해할 수 있는 시기도 달라지겠죠. 그래도 어쨌거나 아이는 어른에 비해 훨씬 자기중심적인 상태입니다.

아이들의 자기중심성을 잘 보여 주는 현상 두 가지만 살펴봅시다. 유치원생 아이들이 다음과 같이 다투는 걸 종종 볼 수 있는데요. 한 아이가 소리칩니다.

"우리 엄마가 남의 물건은 가져가면 안 된다고 했어!"

그러자 다른 아이가 목청껏 맞받아칩니다.

"아니야. 우리 엄마가 물건은 빌려 쓰는 거라고 했어."

이런 상황을 그냥 귀엽다고 생각할 수도 있겠죠. 그런데 사실 두 아이는 나름 도덕적인 판단을 하고 있습니다. 그런데 그 도덕적 판단의 원리를 이해하지는 못하고 있습니다. 그 원리가 바로 타인의 관점에 있거든요. 남의 물건을 가져가면 안 된다는 도덕적 판단을 제대로 이해하려면 그 물건의 주인이 슬퍼하거나 화를 낼 것이라는 데 생각이 닿아야 하죠.[8]

내 관점에서만 보면 원하는 물건을 집어 왔으니 좋지만, 물건 주인의 관점은 다른 것이죠. 이렇게 타인의 관점을 이해할 수 있어야 엄마 말씀의 참뜻을 이해하고, 주인의 허락을 받고 빌려 가는 건 괜찮다는 것도 자연스레 이해하게 됩니다. 하지만 유치원생들은 단지 엄마 말이니까 옳다고만 생각합니다.

자기중심성의 또 다른 중요한 예가 있습니다. 부모가 자주 다투거나 헤어지면 아이는 자기 때문이라고 생각하는 경우가 많다는 겁니다. 그러니 부모는 아이와도 잘 지내야 하지만 부부끼리도 잘 지내야 해요. 여담입니다만, 아이들 앞에선 싸우지 않았으니 아이들은 모를 거라고 생각하는 부모님들이 많습니다. 하지만 아이들은 어른들의 생각보다 잘 알고 있어요.

가령 밤에 자는 줄 알았던 아이가 귀를 열고 있는 일은 흔하죠. 특히 내가 잠들면 엄마, 아빠가 다툰다는 걸 눈치챈 아이는 불안해서 일부러 깨어 있곤 합니다. 억지로 떠밀려 잠자리에 들어도 눈 감고 자는 척하며 가만히 듣고 있죠. 그 와중에 부모가 서로 다투느라 흥분하면 언성이 높아져 아이에게 더 잘 들리게 되고, 다투던 중 자녀를 언급하는 일도 드물지 않을 텐데, 그러면 가정불화가 자기 때문일 거라는 아이의 믿음이 강화되겠죠.

한편 낮에는 노골적인 부부 싸움은 자제하더라도 집안 분위기가 달라지는 것까지 막긴 어려울 겁니다. 어린 게 뭘 알겠느냐 하는 분들도 많은데, 집안 분위기를 알아채는 건 미적분을 이해하거나 박사 학위를 따는 일과 달리 어린이도 충분히 가능합니다.

게다가 부부 간 불화를 아이들 앞에서 티 내지 않기로 결심했더라도 속마음은 다를 수 있습니다. 진심은 다음과 같을 수 있죠.

'내가 너희 아빠(엄마) 때문에 얼마나 참고 사는지 너희도 알 건 알아야 해.'

이런 마음에 나도 모르게 아이들이 있을 때 더 티를 내는 경우도 있습니다. 걸핏하면 배우자 흉을 본다든지 말이에요. 하지만 그럴 때 아이의 상상력은 자기중심적으로 발휘되기 쉽습니다.

지금까지 아이들의 자기중심성에 대해 얘기했지만 나이가 든다고 해서 자기중심성에서 완전히 벗어나는 사람은 없을 거예요. 내 마음과 남의 마음이 별개임은 너무 당연하지만, 그걸 확인하는 순간은 항상 마음이 아픕니다.

○●● 주도성과 역할을 찾는 시기

자, 이제 아이가 자신을 독립된 개체로 인식했으니 무엇이 뒤따를까요? 하려고 하는 일들이 생깁니다. 이것저것 자기가 해 보려고 합니다. 도와주면 오히려 짜증을 내고 울어 버리기도 합니다. 도와주는 것도 일종의 간섭일 수 있잖아요. 아이 입장에선 자신의 개체성을 존중받지 못한 기분이 들 수 있어요. 그래서 짜증을 내는 아이에겐 자꾸 뭘 더 말해 주기보다 잠시 무시하는 편이 도움이 될 때도 있습니다. 짜증을 내 봤자 소용없다는 뜻을 전달하기도 하지만 더 이상 아이에게 간섭을 하지 않는다는 의미도 있죠.

개체성을 깨달은 아이는 또 어떤 모습을 보일까요? 하겠다는 일들이 생기는 만큼 하지 않겠다는 일들도 생깁니다. 한동안 "싫어"란 말을 입에 달고 살죠. 자기는 남들과 다른 개체이니 거부도 할 수 있다는 얘기입니다. 이렇게 아이가 무언가 자기 힘으로 하려고 하고 또 적극적인 거부도 하는 것, 이것이 '주도성'입니다.

주도성이 좀 더 확장되면서 아이는 자신의 역할을 찾으려고 합니다. '나'라는 개체 혼자만 있다면 내키는 대로 주도성을 발휘하면 되겠죠. 하지만 다른 수많은 개체들이 공존하는 곳에서 주도성을 발휘하려면 어떻게 해야 할지 요령과 고민이 필요할 거예요. 이렇게 사회적 관계와 맥락을 감안해 주도성을 발휘하는 것이 역할입니다.

또한 남들(다른 개체들)이 존재함을 인식하다 보니, 공존을 위해 규칙이 필요하다는 것도 알게 됩니다. 쉽게 말하면 다음과 같은 깨달음이 아이에게 찾아옵니다.

'내가 해야 하는 일들이 있구나!'

'내가 해선 안 되는 일들도 있구나!'

이 같은 깨달음은 물론 점진적인 과정입니다. 아이는 자기가 하겠다고 주도성을 보이면서도 여전히 부모에게 의존합니다. 조금만 어려워도 금방 부모가 해 주길 바랍니다. 주도성 욕구와 애착 욕구가 공존합니다. 이 과도기적 상태에서 부모(양육자)의 도움이 필요합니다. 바로 이때 부모의 변신이 필요한 겁니다. 카멜레온처럼 색깔을 바꿔야 합니다. 이것이 부모의 '두 번째 변신'입니다.

훈육을 시작하고
규칙을 가르치자

자, 2단계 변신은 1단계 변신보다 훨씬 더 의식적으로, 그리고 계획적으로 해야 합니다. 변신해야 할 시기가 왔음을 알고 실행하세요. 충분히 할 수 있습니다. 이미 더 큰 변신도 한 번 했잖아요.

그렇다면 어떤 색깔로 변신해야 할까요? 정신 발달 2단계에서 아이는 개체성을 깨닫고 주도성을 발휘하려 합니다. 이를 돕기 위해 부모는 1단계 때 무조건적으로 보살펴 주던 태도를 2단계로 가면서 점차 버려야 합니다. 대신에 아이가 스스로 하도록 격려합니다.

예를 들어, 아이들은 대체로 만 2세가 되기 전에 혼자 숟가락질을 하려고 하고, 만 3세가 되기 전에 혼자 신발을 신으려 합니다. 물론 음식을 바닥에 흘리거나 신발을 거꾸로 신기도 하겠죠. 시간도 오래 걸리고요. 그렇다고 야단치거나 너무 재촉하면 안 됩니다. 아이의 시행착오를 못 참고 부모가 다 해 줘도 안 됩니다.

네 살 아이를 둔 한 아빠는 아이에게 집안일을 도와주는 습관을 들이고 싶었습니다. 그래서 일부러 집 안 여기저기에 빨래를 놓아둔 다음, 마치 보물찾기처럼 아이에게 흩어진 빨래를 최대한 빨리 찾아 빨래통에 넣는 일을 도와 달라고 부탁했습니다. 아이는 신나서 집 안 이곳저곳을 돌아다니며 빨래들을 찾아 빨래통에 넣었고, 아빠는 아이에게 "착하게 잘했네"라고 칭찬하는 대신, 빨래들을 가리키며 말했습니다.

"하나, 둘, 셋, 넷, 다섯! 10분 동안 빨래를 다섯 개나 찾아서 넣었구나. 빨래 하나 찾는 데 2분도 안 걸린 셈인걸?"

그날 밤, 잠자리에 들기 전에 아이가 아빠한테 물었습니다.

"아빠, 내가 아까 빨래 엄청 잘 찾았지? 나는 빨래를 찾아서 넣는 걸 좀 잘하는 것 같아. 또 빨래할 일 있으면 내가 도와줄까?"

위의 예처럼 아이에게 스스로 해 볼 수 있도록 충분히 기회를 주고, 완벽하진 않더라도 성공한 부분만큼은 칭찬합니다. 성공한 부분을 못 찾겠다면 노력한 부분만큼 아이를 칭찬해 줍니다.

아이 혼자 전 과정을 다 할 수 없는 일은 어른이 함께하면서 부분적으로 역할을 주면 됩니다. 가령 아이와 부모가 함께 쿠키를 만들면서 반죽을 만지작거리는 역할을 아이에게 맡길 수 있습니다. 스스로 해 볼 기회를 주지 않고 부모가 다 해 준 아이들은 또래에 비해 정신적으로 어린 것 같습니다.

학교에 다니기 시작한 아이들도 마찬가지입니다. 상담 중에 많은 부모님들이 이런 질문을 합니다.

"방과 후 시간에 아이에게 뭘 시키면 좋을까요?"

그러면 저는 아이가 좋아하는 것은 무엇인지, 아이의 의견을 들어 본 적은 있는지 등을 물어봅니다. 이때 말문이 막히는 부모가 많습니다. 부모의 머릿속에서만 이걸 시키면 좋을까, 저걸 시켜야 할까, 생각이 많았던 겁니다. 정작 당사자인 아이의 생각도 중요하다는 걸 곧잘 잊어버립니다. 순전히 아이가 원하는 대로 방임하라는 뜻이 아니라, 아이가 주도성을 발휘하게 하는 요소가 부모의 계획에 포함되어 있어야 한다는 뜻입니다.

아이의 주도성을 희생시키면서 단기간에 학업 성적 등을 향상시킬 수도 있습니다. 하지만 그로 인해 아이의 주도성이 마모되고 있다면 장기적으로는 오히려 큰 손실입니다. 주도성을 마모시킬 게 아니라 점점 더 키워 나가야 합니다. 학교 가기 전에 최소한의 주도성 연습이 되어 있지 않은 아이는 학교에 가서 당황

합니다. 또 초등학생 때 주도성 연습이 충분히 이루어지지 않은 채 중학교에 가면, 그 전까지 잘하는 것 같던 아이가 역시 힘들어 하고 종종 방황하게 됩니다.

학원 선택을 예로 들면, 아이에게 다음과 같이 물어볼 수 있습니다.

"엄마가 알아보니 집으로부터의 거리나 수업 시간 (혹은 우리 가족의 경제적 형편) 등을 생각할 때 네가 오후에 갈 만한 이런저런 학원들이 있더라. 이 중에서 선택해야 할 것 같은데, 네 생각엔 어디가 좋겠니?"

이때 일단 여러 개를 골라 보라고 하면 이후에 아이의 의견을 조금이라도 반영할 수 있는 초석이 됩니다.

"가장 마음에 드는 세 가지를 골라 볼래? 조금이라도 장점이 있다면 한번 경험해 보는 것도 좋지 않을까?"

때로는 아이에게 며칠 시간이 필요할 수도 있습니다.

"생각할 시간을 줄까? 친구들이 어디에 많이 다니고 어디가 좋다고들 하는지 한번 알아보는 것도 좋고 말이야. 솔직히 엄마, 아빠라고 다 알 수 있는 건 아니거든. 하지만 이번 주 목요일까지는 생각을 끝내고 결정해야 해."

취미로 다니는 학원은 물론이고 공부하러 다니는 학원도 마찬가지입니다. 다만 어떤 목적인지를 분명히 해야겠죠.

"네가 좋다고 하는 이유가 합당하면 그렇게 하는 방향으로 최대한 노력해 보자. 단, 이번에 결정하려는 학원은 공부하는 학원이니까, 네가 좋다고 말하는 이유도 공부에 도움이 되는 이유라야 한다."

만일 아이의 선택이 부모가 도저히 받아들이기 힘든 것이면 거절할 수도 있습니다. 따라서 아이 의견을 무조건 받아 준다는 뜻은 아니라는 걸 미리 말해 두어야 합니다. 하지만 가급적 받아 주는 모습을 보여야 아이도 부모 말을 믿고 주도성을 발휘할 의욕이 생기겠죠. 그리고 부모가 보기에는 다소 불만족스러울지라도 아이에게 자기 뜻대로 해 볼 기회를 주는 건 나름 가치가 있습니다. 이때는 시간제한을 두는 것이 요령이에요.

"그럼 네가 선택한 대로 얼마 동안 해 보자. 2주면 충분할까? 좋아. 하지만 네가 예상한 것과 다를 수도 있으니 2주 동안 해 보고 다시 상의해서 결정하자."

이렇게 하는 이유는 아이 마음이 저절로 바뀌는 경우도 많기 때문입니다. 아이도 막상 겪어 보니 부모 말이 맞았다는 걸 스스로 깨닫습니다. 따라서 아이가 경험 끝에 자신의 선택을 바꾸리라고 예상될 때는 먼저 아이 뜻대로 해 보도록 허락하는 게 육아 고수의 방법일 수도 있습니다. 다만 시간제한을 두어 한시적으로 허락하고 이내 점검함으로써, 새로운 문제로 빠져 버리거나 나중에 바른길로 돌아오더라도 너무 멀리 돌아서 오는 걸 예방합니다. 이는 또 주어진 시간 동안 아이가 최선을 다하도록 격려하는 의미도 있습니다.

이처럼 아이가 할 일은 스스로 하도록 격려해야 합니다. 또한 하지 말아야 할 것은 하지 않도록 조언해야 합니다. 대표적인 것은 위험한 일과 남에게 피해를 주는 일이죠.

어떤 부모는 아이가 공공장소에서 소란을 피워도 전혀 개입하지 않습니다. 기를 죽이지 않겠다는 건데요. 하지만 아이의 발달 단계를 이해하면 정말로 기죽이는 일이 무엇인지 알게 됩니다.

정신 발달 2단계는 아이가 규칙을 배우려고 하는 시기여서, 적절한 규칙을 배우지 못하면 오히려 점차 기가 죽게 됩니다. 정확한 표현으로는 '자존감'이 낮아집니다.

자존감이 낮은 사람도 얼핏 기가 살아 있는 듯 보일 수가 있습니다. 물론 자존감이 낮아서 매사에 위축되어 있는 사람도 있는데, 이 경우엔 누가 봐도 기가 죽어 보이겠죠. 하지만 자존감이 낮아서 그걸 감추려고 더 과장되게 행동하거나, 사소한 자극에도 심하게 성을 내며 남들과 자주 다툴 수도 있습니다. 이런 모습을 기가 센 것으로 착각하는 부모들이 의외로 많습니다.

물론 규칙을 가르친다고 아이 마음에 상처를 줄 정도로 심하게 혼을 내서 가르칠 일은 아니에요. 이 시기에 가장 중요한 두

가지를 알려 드렸죠? 바로 '개체성'과 '주도성'입니다. 개체성과 주도성이 건강하게 성장하도록 돕는 방향으로 훈육도 하고 규칙도 알려 줘야 합니다. 주객이 바뀌면 안 됩니다. 즉, 훈육을 하고 규칙을 알려 준답시고 개체성과 주도성의 성장을 오히려 해치는 결과가 발생하면 안 되겠죠.

만일 규칙을 재차 가르쳐 주는데도 아이가 배우지 못한다면, 이건 다른 문제가 있다는 신호입니다. 예를 들자면 ADHD(주의력결핍 과잉행동장애)나 자폐증을 비롯해 다양한 진단명을 말할 수 있겠죠. 하지만 이런 건 병원에 오신 후의 진단이지, 이런 걸 미리 알고 오실 수는 없을 겁니다. 따라서 집중력이 부족하다든지, 사회성이 부족하다든지, 우울해 보이거나 의욕이 없다든지, 충동적이라든지, 학교 적응이 어렵다든지, 공부를 어려워 한다든지, 발달이 느리다든지, 혹은 부모님이 아이를 어떻게 대해야 할지 모르겠다든지, 그런 고민이나 궁금증이 있으면 이럴 때는 전문가와 상담할 것을 권합니다. 자칫 혼내는 걸 반복하다가 효과도 없이 시간은 시간대로 가고 아이 마음에 상처만 쌓일 수 있기 때문입니다.

혹은 그러다가 아이가 엉뚱한 걸 배울 수도 있습니다. 가령 일종의 충격 요법을 쓴다고 체벌을 하면서 가르친다고 해 봅시다. 그러면 아이는 가르치는 내용을 배울 수도 있지만, 가르치는 내용보다 체벌을 배울 수도 있습니다. 즉, '원하는 게 있으면 남을 때려서 그 목적을 달성하는 것도 괜찮구나!' 하고 생각한다는 말입니다.

따라서 체벌이든 잔소리든 자꾸 반복된다면, 반복된다는 것 자체가 그 행위의 효과를 못 보고 있다는 뜻입니다. 게다가 아직은 눈에 안 보이더라도 부작용만 키우고 있을 가능성이 높으므로 전문가와 상담해야 합니다. 어릴 적에 아버지한테 한번 호되게 맞고 철들었다는 사람은 드물게나마 보았어도, 아버지한테 계속 얻어맞고 철들었다는 사람은 못 본 것 같습니다. 잔소리도 비슷합니다.

물론 아직 때가 되지 않았을 수도 있습니다. 가르치려는 내용이 아이에게 너무 어려운 것일 때, 내 아이에게만 어려운 게 아니라 같은 연령대의 여느 아이들에게도 너무 어려운 내용일 때는 당연히 배울 수 없겠죠. 이럴 경우에는 좀 더 기다려 줘야 합니다.

이와 반대로 같은 연령대의 아이들에게 너무 어렵지 않은 규칙이고 내 아이도 그걸 잘 배울 수 있다면, 당연히 규칙을 가르쳐 주어야 합니다. 그래야 자존감이 올라갑니다.

규칙을 가르쳐 줄 때의 한 가지 요령은, 아이가 잘못할 때 말고 아이가 잘할 때로 초점을 맞추는 겁니다. 책을 좋아하는 아이로 키우고 싶다면, 책을 읽지 않을 때 "너는 왜 책을 안 읽니?"라고 혼내고 잔소리하는 건 좋은 방법이 아닙니다. 어쩌다 책을 읽을 때 "우리 ○○, 무슨 책 보고 있어? 엄마(아빠)가 내용이 너무 궁금한데, 좀 이야기해 줄 수 있어?" 하고 책 내용에 대해 자연스럽게 대화를 유도하며 아이가 이해하는 수준을 파악하고, 아이가 책에서 흥미를 느낀 부분에 공감하는 대화를 해 보는 것이 좋습니다. 이러한 즐거운 대화 자체가 일종의 간접적인 칭찬처럼 효과를 발휘할 수 있기 때문입니다. 잘못할 때 가르치려 하면 꾸중을 해서 가르치게 되지만, 잘할 때를 포착해서 가르치면 칭찬을 하며 가르치게 됩니다. 물론 그러려면 아이를 평소에 더 유심히 지켜봐야 하죠. 아이가 문제 행동을 보일 때보다 더 중요한 것은 문제없이 잘 지낼 때입니다.

또 다른 요령은, 개체가 아닌 행동에 초점을 맞추는 겁니다. 아이가 가지고 놀던 장난감을 치우지 않아서 스트레스를 받는 부모가 있습니다. 여기서 개체는 아이죠. 즉, 아이보다 장난감을 치우지 않는 아이의 행동에 초점을 맞춘다는 뜻입니다. 앞에서 아이는 개체성을 보호받으려 하고, 부모도 아이의 개체성을 존중해 줘야 한다고 말했습니다.

따라서 개체는 건드리지 않습니다. 아이의 행동에 대해선 더 발전하도록 격려하지만, 아이가 자기 역할을 잘하건 못하건, 규칙을 잘 지키건 못 지키건, 아이라는 개체는 변함없이 가치 있는 존재라고 믿는 겁니다. 그래야 "너는 왜 만날 그 모양이니!"처럼 행동이 아니라 아이 자체를 깎아내리는 말이 부모 입에서 안 나옵니다. 여기서 요점은, 정말 그렇게 믿는 것인데요. 이에 대해서는 뒤에서 차차 설명하겠습니다.

끝으로, 2단계에서의 부모의 변신을 오해하면 안 됩니다. 이때가 되면 애착은 버리고 훈육만 하라는 뜻이 절대 아닙니다. 무조건적인 사랑을 무조건 끊으라는 게 아닙니다. 아이가 다 혼자 하도록 막무가내로 강요하라는 뜻도 절대 아닙니다.

화가는 삼원색만 쓰지 않고 여러 단계의 색깔을 적절히 섞어서 쓰죠. 카멜레온 부모도 마찬가지입니다. 점진적인 변신이 필요합니다. 1단계와 2단계의 차이는 애착에 전적으로 비중을 두었다가 점차 훈육에도 신경을 쓰는 데 있습니다. 그리고 1단계에서 애착이 잘 형성되었으면 2단계에서 훈육이 더 수월할 것입니다.

원칙 있는 훈육을
방해하는 것들

앞에서도 이야기했지만 만 1~2세가 지난 후부터 사춘기 전까지를 정신 발달의 2단계로 봅니다. 이 시기에 아이는 개체성을 깨닫고 주도성을 발휘합니다. 자기 역할을 찾으려 하고 규칙을 배우기 시작하는 것도 이 무렵입니다. 이에 발맞춰 카멜레온 부모도 변신을 해야 하죠. 이 단계에서는 육아의 초점이 애착에서 훈육으로 점진적으로 이동합니다.

단, 여기서 훈육이란 강압적인 교육이 아니라 아이의 개체성과 주도성을 격려하는 것이라고 이해해야 합니다. 가령 아이가 장난감을 사 달라고 요구할 때 부모가 거절하는 것도, 아이에게 실망을 주기 위해서가 아니라, 아이가 참을성 있게 스스로 계획적인 소비를 하도록 돕기 위해서죠. 주도성 발휘에 필요한 역할과 규칙에 대해 배우려면 실망과 같은 고통이 어느 정도 동반될 수밖에 없어서 그런 것이지, 강압적으로 아이를 힘들게 하는 게 훈육의 목적은 아닙니다.

그럼 훈육이 잘되지 않는 경우를 알아보겠습니다.

○◐● 훈육하기 불쌍해요

아이가 불쌍하다고 하는 부모들이 있습니다. 너무 가여워서 계속 갓난아기 대하듯 보호해 주려고 합니다. 그 배경엔 나름의 사연이 있을 때가 많습니다. 예를 들어, 아이가 미숙아로 태어난 경우입니다. 부모는 아이가 약하게 태어났으니 보호해 줘야 할 것 같은 마음이 든다고 합니다. 지나치면 안 좋은 걸 알면서도 자기도 모르게 자꾸 과잉보호를 하고 있다는 겁니다. 부모 마음에도 상처가 남은 모양입니다. 여러 번의 유산 끝에 아이를 낳은 부모도 있고, 아이가 큰 병을 앓았던 경우도 있습니다. 이런 상황이라면 아이를 애지중지하게 되는 부모의 마음이 이해가 갑니다.

아이를 불쌍하다고 느끼면서 훈육을 하려니 부모는 마음이 아픕니다. 안 되는 걸 안 된다고 가르칠 때만 힘든 게 아닙니다. 되는 걸 된다고 격려할 때도 쉽지 않습니다. 아이에게 역할을 주고 시도해 보게 하는 것도 약간의 위험을 감수하는 일이니까요. 놀이터에 풀어놓고 뛰놀게 하거나 유치원에 보내려 하다가도 혹시 아이가 다치지 않을까, 상처받지 않을까 겁이 납니다.

이런 경우 다른 부모들과 자주 만나면 좋습니다. 비슷한 경험이 있는 부모들이면 더 좋죠. 가령 미숙아로 태어난 아이를 키우거나 유산 경험이 있는 부모들, 비슷한 질환이 있는 아이를 키우는 부모들이 서로 만나 어울리다 보면 시야가 달라지곤 합니다.

여러 부모가 모이면 그중엔 아이를 데리고 안절부절못하는 부모도 있고, 그렇지 않은 부모도 있거든요. 그렇게 남들 하는 걸 보면서 '아, 꼭 이렇게만 키워야 하는 건 아닐지도 모르겠네. 내가 하던 방식 말고 다르게 해도 안전한 것 같고 아이가 잘 크네!' 하는 생각을 하게 되죠.

부모뿐 아니라 아이의 시야도 달라집니다. 항상 조심시키고 안절부절못하는 부모 곁에서는 아이도 겁이 많을 수밖에 없습니다. 그런데 다른 아이들이 겁 없이 뛰노는 걸 보다 보면 아이는 주도성을 발견합니다. 모방은 효과적인 배움의 수단이니까요.

한편 지나치게 안절부절못하는 부모들 중에는 우울증을 겪는 경우가 더러 있습니다. 생각은 이렇게 해야 한다고 판단하지만 감정이 자꾸 다른 행동을 하게 만들 때, 생각과 감정의 괴리가 노력해도 전혀 좁혀지지 않을 때, 전문가와 상담이 필요할 수 있습니다.

○●● 할머니, 할아버지가 그리워요

이전 발달 단계에서 받은 육아는 다음 단계에 영향을 줍니다. 1단계 때 무조건적인 사랑이 필요한 이유는 아기의 마음속에 신뢰, 안정, 희망의 싹을 틔우기 위한 것도 있지만, 그것이 2단계 육아에도 영향을 주기 때문입니다. 즉, 사랑을 먼저 충분히 주어야 부모의 훈육이 아이에게 오해를 받지 않습니다.

만일 애착이 형성되지 않았는데 급하게 훈육을 하면 아이는 어떤 인상을 받을까요?

'엄마, 아빠는 날 미워하나 보구나.'

그러면 아이는 훈육에 잘 따르지 않겠죠. 훈육의 가장 큰 방해물은 이전 단계에서 적절한 육아가 이루어지지 못한 것입니다.

1단계 육아의 중요성과 그 방해물에 대해 앞에서 살펴보았습니다. 그런데 1단계 때 충분히 헌신적인 사랑을 받은 아이의 경우에도 비슷한 문제가 발생할 수 있어 주의를 요합니다.

1단계에서 2단계로 넘어갈 무렵에 양육자가 바뀌는 경우가 있습니다. 요즘 우리나라에서 흔한 것 같습니다. 예를 들어, 아기 때는 할머니가 키우다가 서너 살부터는 엄마가 키우는 경우입니다. 부모가 아이를 데려오는 이유는 다양합니다. 우연히 이때 엄마가 직장을 그만두었을 수도 있고요. 그런데 이 경우 특히 조심해야 할 상황이 두 가지 있습니다.

첫 번째는 할머니, 할아버지가 너무 받아 주기만 하고 응석받이로 키우는 것 같아 부모가 데려오는 경우입니다. 조부모 슬하에서 아이 버릇이 나빠지는 것 같아 훈육을 하려고 데려오는 것이죠. 이때 어떤 문제가 생길까요? 카멜레온 부모의 입장에서 생각해 보세요.

1단계 때 애착은 할머니와 형성되었는데 2단계 때 훈육은 부모가 하는 거잖아요. 이렇게 되면 아이는 일단 조부모가 그리울 거예요. 부모를 무서워할 수도 있죠. 철석같이 믿었던 조부모에게 버림받았다고 느낄지도 모르고요. 그런가 하면 다음과 같은 생각이 들 수도 있을 겁니다. 어른의 언어로 표현해 보겠습니다.

'엄마, 아빠가 나한테 해 준 게 뭐가 있다고 이제 와서 이래라저래라 하는 거야!'

대략 이런 마음이 들기도 할 겁니다. 아이 입장에서는 거부하는 마음이 들면서 부모 품에 잘 들어오지 않고 튕겨 나가기 쉽습니다. 부모에게 애착이 생기지 않은 상태이기 때문입니다.

다 받아 주고 사랑해 주는 육아는 잘하지만 훈육은 영 못하는 조부모들이 많습니다. 그런데 부모가 데려와서 키우더라도 가끔씩 할머니, 할아버지를 만나잖아요. 그럴 때 조부모가 부모가 정한 규칙을 흔들어 놓곤 합니다. 부모가 안 된다고 가르친 규칙들을 조부모는 허락해 주는 겁니다. 또 아이가 스스로 해 보게 하지 않고 미리 다 해 줘 버리죠. 그렇지 않아도 아이는 조부모에게 애착이 있으니, 조부모의 메시지는 강력합니다.

부모가 뭘 하라고 시켰다고 해 봅시다. 대개 그렇듯이 아이 입장에선 약간 힘들거나 참을성을 요하는 일일 수 있습니다. 이때 부모와 애착이 없는 아이는 마음 한구석에서 그게 정말 해야 하는 일이어서가 아니라 부모가 나쁜 사람이어서, 혹은 자기를 미워해서 시키는 거라고 생각하기도 합니다. 그런 마당에 조부모가 와서 "안 해도 된다"라고 합니다! 부모가 자기를 미워한다는 아이의 의심을 부추기는 꼴이 되는 거죠. 엄마, 아빠는 괜한 걸 시키니까 말을 안 들어도 된다는 믿음이 강화됩니다.

물론 이런 사태를 막으려고 할머니, 할아버지를 못 만나게 할 수는 없는 노릇입니다. 그렇게 해서 해결될 일도 아니고, 오히려 부모만 더 나쁜 사람이 되겠죠. 그럼 어떻게 해야 할까요?

가장 좋은 방법은, 애착이 형성된 어른이 훈육도 하는 겁니다. 아기 때 무조건적인 사랑을 준 조부모가 이제 아이에게 해야 할 일을 알려 주고 하지 말아야 할 일도 가르치는 겁니다. 그러면 아이는 조부모가 나빠서, 혹은 자기를 미워해서 그런다는 의심을 하지 않겠죠. 아이가 양육자를 신뢰하기 때문에 '정말로 해야 하는 일이어서 시키는구나, 정말로 하지 말아야 하는 일이어서 못 하게 하는구나' 하고 받아들이기가 수월합니다.

그런데 이 방법은 현실성이 떨어지죠? 조부모가 언제까지고 계속 아이를 키울 수도 없고, 이제껏 다 받아 주기만 하던 조부모가 갑자기 변신하기란 쉽지 않으니까요. 아무래도 연세가 많은 분들은 잘 변하지 않기 때문에, 카멜레온 부모 되기는 가능해도 카멜레온 조부모 되기는 좀 어렵습니다. 모르긴 해도 아마 실제 카멜레온도 나이가 많으면 색깔이 잘 변하지 않을 거예요.

그렇다면 어떤 방안이 현실적일까요? 부모가 훈육을 하더라도 최소한 할머니, 할아버지가 부모의 의견을 지지해 주어야 합니다. 조부모가 부모의 육아 방침에 보조를 맞추고 일관된 모습을 보이는 겁니다. 이처럼 조부모의 역할이 매우 중요합니다. 그래야 아이가 부모에게 의심을 품었다가도, 조부모도 부모와 똑같이 생각한다는 걸 알고 부모를 향한 의심을 풀게 됩니다. 하지만 만약 올바른 육아 방침이 무엇인지를 두고 부모와 조부모의 의견이 대립한다면 전문가와 상담하여 올바른 육아 방침부터 정해야 하겠죠.

또한 부모는 훈육에 앞서 준비를 해야 합니다. 아이를 중간에 데려와 키울 경우, 먼저 애착 형성에 신경을 써야 합니다. 아이와 친해지기 위한 노력에 집중해야 하고, 아이로 하여금 '부모가 나를 정말 사랑하는구나!' 하는 마음부터 들게 해야 합니다.

아이가 잘못했을 때 그걸 권장하면 안 되지만, 본격적으로 훈육에 중점을 두기 전까지는 사랑과 애착이 먼저입니다. 조부모가 너무 버릇없어지게 키운다고 생각해서 아이를 데려올 경우 부모는 훈육을 작정하고 데려오는 셈입니다. 그렇다 보니 성급하게 훈육에 들어가는 부모가 많은데, 주의해야 합니다.

때론 훈육이 아니라 공부를 시키려고 부모가 아이를 데려오기도 하는데, 이때도 마찬가지입니다. 아이를 그 전까지 조부모가 맡아 키웠다면 대개 부모가 맞벌이를 하기 때문일 겁니다. 따라서 맞벌이를 그만두지 않는 이상, 데려온 후에도 아이와 함께하는 시간이 적을 수밖에 없어요. 그 적은 시간마저 공부시키는 데 써 버리면 부모와 자녀 간에 애착이 생기기 힘들겠죠.

○◉● 동생이 미워요

부모가 그 전까지의 주 양육자로부터 중간에 아이를 데려오면서 조심해야 하는 두 번째 경우는 큰아이를 다른 사람에게 맡겨 키우다가 동생이 태어나 엄마가 집에 있게 되니 큰아이도 데려오는 경우입니다.

원래 동생이 태어나면 질투가 심할 수 있습니다. 큰아이는 부모의 사랑을 놓고 동생과 경쟁하려 합니다. 그런데 중간에 데려왔으니 아이는 그렇지 않아도 부모의 사랑을 확신하지 못하는 상태잖아요. 그런 상태에서 부모를 보았는데 부모는 동생만 끼고 있죠. 갓난아기이니까 그럴 수밖에 없고요. 어른들 입장에선 당연해요. 또 1단계 육아의 관점에서도 그렇고요.

하지만 어린이는 거기까지 잘 모릅니다. 그저 부모가 자기는 안아 주지 않고 동생만 안고 있는 게 보일 뿐입니다. 아이의 마음속에 불안과 질투가 올라옵니다. 부모가 자기를 사랑하지 않는다고 느낄 수 있습니다. 부모가 시키는 일들은 자기를 위해서가 아니라 자기를 힘들게 하려고 시키는 것 같습니다. 그래서 강하게 반발하고 반항합니다. 혹은 불안이 심해서 퇴행하기도 합니다. 자기도 더 돌봐 달라는 뜻에서 아기처럼 굽니다. 그렇게 하면 부모가 동생을 돌봐 주듯이 자기도 돌봐 줄 것 같기 때문입니다.

그럼 어떻게 해야 할까요? 평소에 큰아이와 즐거운 시간을 많이 보내고 애착을 만들어 놓는 게 필요합니다. 동생이 태어나기 전부터 준비하는 게 좋죠. 큰아이와 행복한 추억들을 적금 붓듯이 쌓아 놓습니다.

이런 추억들을 아이가 다 기억할 수 있냐고요? 그럼 융통성을 발휘하면 되죠. 요즘엔 동영상 기기가 흔하잖아요. 아이가 어릴 때의 귀여운 모습들, 부모가 예뻐해 주고 서로 재미있게 지낸 장면들을 촬영해 놓으면 좋을 것 같습니다. 나중에 이따금 가족이 둘러앉아 예전 동영상을 볼 때면, 아이는 부모가 동생만 예뻐하는 게 아니라 자기도 아기 때는 무조건적인 사랑을 받았다는 걸 자연스럽게 알게 되죠.

그리고 엄마 배 속에 있는 동생에 대해 큰아이와 대화를 나눠 보세요. 큰아이가 동생에 대해 갖고 있는 생각을 말해 볼 기회도 주고요. 또 동생을 맞이하는 가족의 일원으로서 큰아이에게 어떤 역할을 줄 수도 있습니다.

그렇게 미리 준비해도 막상 동생이 태어나면 큰아이가 힘들 수 있습니다. 특히 큰아이를 다른 집에 맡겨 키우다 데려왔으면 당연히 그렇겠죠. 동생에 대한 시샘이 심할 수 있어요. 따라서 동생이 태어난 다음에도 큰아이와 이따금 따로 시간을 보내면 좋습니다. 동생 없이 말입니다. 부모 중 한 사람은 동생을 돌보고, 한 사람은 큰아이와 즐거운 시간을 보내는 방법이 있겠죠.

두 아이가 함께 있을 때도 사랑을 표현하고 칭찬하는 말을 큰 아이에게 많이 해 줍니다. 동생은 아직 말을 알아듣지 못하고 큰 아이만 알아들으니 괜찮아요. 물론 동생이 좀 커서 말을 알아듣게 되면 두 아이가 따로 있을 때 각자에게 칭찬을 해 주는 게 좋고요.

또 어떤 방법이 있을까요? 카멜레온 부모가 되어 자녀의 발달 단계를 떠올려 보세요. 이 시기는 주도성을 격려해야 할 시기입니다. 그런데 큰아이 입장에서는 주도성이 전혀 없는 동생이 더 사랑받는다고 느낄 수 있어요. 그러니 헷갈립니다. 주도성 있는 행동이 좋은 건지 확신이 없어집니다. 따라서 부모가 확신을 주어야 합니다. 가령 이렇게 말해 줄 수 있습니다.

"동생은 맘마도 먹여 줘야 하고 만날 울어서 엄마가 참 힘든데 ○○는 혼자 밥도 잘 먹고 스스로 잘해서 엄마를 많이 도와주고 있구나. 엄마가 정말 고맙다. 우리 ○○ 사랑해요."

이렇게 주도성을 격려하는 칭찬을 해 준다면 아이가 깨닫는 데 도움이 되겠죠.

'아, 동생처럼 아기가 돼야 엄마가 사랑하는 줄 알았는데 사실은 나처럼 스스로 잘하는 걸 엄마는 더 좋아하고 있었구나!'

그렇다고 동생을 핑계로 큰아이에게 지나친 책임감, 부담감을 주진 말아야겠습니다. 갓난아기 동생에 비하면 큰아이이지만, 여전히 어린아이란 사실을 잊지 말아야 합니다.

○●● 훈육할 일이 없어서: 부모의 상처

간혹 훈육할 일이 없다는 부모들을 만나게 됩니다. 사실 남들이 보면 아이는 훈육이 필요한 상태입니다. 하지만 부모는 내버려 둡니다. 아이니까 그 정도 행동은 자연스럽다고 합니다. 물론 애매한 경우도 있습니다. 하지만 아이가 불판이 오가는 고깃집에서 뛰어다닌다든지 놀이터에서 다른 아이들을 밀치면서 노는 등 위험한 행동을 하거나 남에게 피해를 주고 있는데, 아이의 부모만 문제가 아니라고 하는 경우가 있습니다.

그 이유를 한 가지로 설명할 순 없지만, 간혹 부모에게 어릴 적 상처가 존재하는 경우가 있습니다. 너무 억압적이었던 자기 부모를 떠올리며 '내가 부모가 되면 안 그래야지'라고 다짐한 것입니다. 가령 고깃집 불판 사이로 뛰어다니는 아이를 보며 자신의 과거를 떠올리는 엄마가 있습니다. 이 엄마는 항상 얌전하고 조용하게 꼼짝 말고 있으라고 부모님께 혼이 났던 어린 시절을 떠올리며 일종의 반작용으로 자기 자녀에게는 지나치게 허용적인 양육을 합니다. 놀이터에서 다른 아이들을 밀치며 노는 아이를 보면서도 마찬가지입니다. 남에게는 지나치게 배려하고 친절하게 대하라고 하면서 정작 자신의 움츠러진 마음은 몰라 줬던 자신의 부모를 떠올리며 아이를 무조건 북돋워 주어야 한다는 육아 신념을 갖습니다.

어릴 적에 자신의 부모가 어떤 육아를 하였는지는 자기 자신이 부모가 되어 자녀를 키울 때도 영향을 줍니다. 실은 정반대로 키우기보다 부모의 육아를 비슷하게 답습하는 경우가 더 많죠. 항상 윽박지르는 부모 밑에서 '내 부모는 왜 저럴까?' 생각하며 내내 비참한 기분을 간직한 채로 자랐는데, 부모가 되고 나니 자신의 자녀에게 똑같이 윽박지르는 경우가 그렇습니다. 그런데 이렇게 자기 부모의 육아를 비슷하게 답습하는 경우엔 쉽게 깨닫곤 합니다.

'아, 내가 엄마(아빠)가 했던 육아를 그대로 따라 하고 있구나!'

이처럼 자신의 모습을 직시하고 그것이 자신이 받았던 육아에서 비롯되었다는 것까지 깨달으면, 이제 변화의 실마리를 찾은 셈입니다.

대물림의 고리를 일단 인식하면 그 고리를 끊을 가능성도 높아집니다. 변화의 필요성을 인정하고 반드시 변화하겠다고 마음먹으면 가능합니다. 가령 자신의 부모가 놀아 준 적이 없어 자신도 아이와 어떻게 놀아 줄지 모르겠다는 부모라면, 내 아이는 나처럼 마음속 깊이 외로움을 간직한 어린 시절을 보내게 하지 않겠다고 다짐해야 합니다. 그런 다음 아이와 놀아 주고, 다음에는 더 잘 놀아 주려고 노력하다 보면 어느새 방법을 습득할 수 있습니다.

그래도 놀아 주기 어렵거나 애정 표현이 잘 나오지 않으면 어떻게 해야 할까요? 첫걸음을 내딛기 위한 한 가지 요령이라면, 연기라도 하십시오!

'나는 지금 아빠 역할을 훌륭히 연기하고 있는 배우다.'

배우라면 자신과 다른 인물을 표현해 내야 합니다. 만일 여러분이 갑자기 직장을 잃어 당장 생계가 막막한데 꽤 좋은 보수로 연극배우 제안을 받는다면 어떻게 하겠습니까? 기꺼이 제안을 수락하고 혼신의 힘을 다해 발연기라도 하겠죠. 그런데 연극 공연에서 맡은 배역이 아이와 열심히 놀아 주는 역할이라고 생각해 보세요. 이게 단지 비유가 아니라 실제로도 자녀가 잘 자라는 것만큼 좋은 보수가 어디 있겠습니까.

이렇게 마음을 다잡고 노력하세요. 그럼 곧 내면에서 우러나오는 연기를 하게 될 겁니다. 그러다 보면 어느새 연기가 아니게 되는 거죠.

반면에 자신의 부모와 정반대로 키우는 경우엔, 자신의 육아 방식이 어릴 적 받은 육아의 굴레일 수 있음을 깨닫기가 더 어렵습니다. 지나치게 냉정했던 부모로부터 입은 마음속 상처를 보상받기 위해 자신의 아이는 지나치게 아기 취급하며 과보호하는 경우가 그렇습니다. 이처럼 어릴 적 받은 육아에 반작용이 생긴 경우에는, 대물림의 고리를 직시하기가 더 어렵습니다. 설령 누가 그런 가능성을 말해 주어도 귀에 잘 들어오지 않습니다. 귀담아듣기보다 그 말을 한 상대방이 자신의 부모와 비슷한 부류로 보여 반감부터 생깁니다.

자녀를 낳아 키우는 일은 대개 자신의 부모를 좀 더 이해하게 되는 기회를 제공합니다. '부모 입장이 되면 자녀에게 그렇게 할 수밖에 없는 것들이 있구나, 자녀를 보면서 그렇게 느낄 수밖에 없는 것들이 있구나' 하고 공감하게 됩니다. 만일 부모와의 관계가 좋았다면 이렇게 부모의 입장에 새로 공감하게 되는 경험이 불편하지 않습니다. 하지만 부모에 대한 분노와 원망이 가득 차 있으면, 이런 경험은 받아들이기 힘든 불편한 순간이 됩니다.

따라서 균형 감각이 필요합니다. 부모가 정서적인 교감 없이 규칙과 의무만 강요했다면, 그건 분명 잘못된 육아입니다. 그렇다고 자녀를 키울 때 훈육을 전혀 하지 않을 수는 없습니다. 이같은 양면을 모두 인정하면서 객관적으로 상황을 바라보면 부모가 나를 키울 때 왜 그런 착각과 실수를 했는지 약간은 이해하게 됩니다.

원래 훈육은 해야 하는 게 맞습니다. 다만 애착이 바탕이 되어야 하고, 또 아이가 부모의 훈육을 받아들일 능력을 갖출 때까지 기다려 가며 수준에 맞게 훈육할 필요가 있었던 것이죠. 훈육도 하되, 부모와 함께하는 즐거운 시간, 칭찬과 공감이 맛난 양념처럼 가미된 일상의 대화, 하고 싶은 대로 해 보고 시행착오를 겪으면서 스스로 깨우칠 기회, 이를 기다려 주는 부모의 격려와 믿음이 선행되거나 병행되어야 했던 겁니다.

이것을 직시해야 내 아이에게는 어느 한 극단으로 치우치지 않은 바른 육아를 할 수 있습니다. 만일 이를 직시하지 못하면, 비록 내 부모가 했던 육아의 재현은 아닐지언정 다른 방식으로 내 아이를 아프게 하는 대물림의 고리가 계속 이어집니다.

어릴 적 상처에 대한 반작용으로 지나치게 허용적인 육아를 하고 자녀를 무조건 북돋워 주는 부모 밑에서, 막상 아이는 상처받기 쉽습니다. 자녀가 아기였을 때는 그렇게 해서 북돋워 주는 게 가능할지 모릅니다. 그때는 부모와 세상이 동격이기 때문입니다. 부모가 보호해 주고 허용해 주면 세상이 보호해 주고 허용해 주는 것과 같습니다.

하지만 2단계가 되면 부모는 세상의 일부분으로 작아지고, 아이는 진짜 세상으로 나갑니다. 부모가 보호해 줄 수 있는 범위가 점점 줄어듭니다. 아이가 밖에 나가서 할 일을 안 하거나 지켜야 할 규칙을 안 지키면, 결국 아이가 피해를 입게 됩니다. 어른들의 꾸중을 반복해서 듣거나 다른 아이들과 잘 친해지지 못합니다. 부모가 아무리 치맛바람을 일으켜도 막을 수 없습니다.

물론 아이가 따돌림이나 폭력의 피해자가 되지 않도록 보호해야 합니다. 그리고 설령 어떤 아이가 역할과 규칙에 적응하지 못한다 해도 그 아이에 대한 따돌림이나 폭력이 정당화될 수 없다는 사회적 인식을 분명히 해야 합니다. 하지만 그 아이를 보호하는 최선의 방법 중 하나가 아이의 능력을 키워 주는 것이라는 사실도 잊지 말아야 합니다.

○ ● ● 훈육할 일이 없어서: 아이의 상처

정말로 훈육할 일이 없는 아이도 있습니다. 그만큼 아이가 어른스러운 겁니다. 하지만 이때도 주의해야 합니다. 아이가 힘든 걸 꾹 참고 있는 경우가 있거든요. 부모는 아이에게 참으라고 강요한 적이 없다고 합니다. 아이가 잘못해도 크게 꾸중한 적이 없기 때문입니다. 그런데 다른 사정이 숨어 있을지도 모릅니다. 가령 아이가 잘못하면 매우 슬퍼하고 낙심하는 부모들이 있습니다. 그런 경우 비록 꾸중은 안 했지만 아이는 부모가 힘들까 봐 전전긍긍하게 됩니다. 혹은 아이에게 야단치진 않았지만 아이의 잘못으로 부부가 크게 다투었다고 합시다. 아이에겐 아무것도 강요하지 않았지만 간접적으로 부담을 준 셈입니다.

사실 너무 어른스러운 아이는 부담을 갖고 있는 아이일 수 있습니다. 특히 부모가 화목하지 않을 경우에 아이는 자기라도 부모에게 위로가 되어야 한다는 부담을 느끼곤 합니다. 부모가 유약하다면 더 그렇겠죠. 실제로 자녀 양육은 부부 싸움의 흔한 주제이고, 부부 사이가 좋지 않다면 자녀에 관한 문제로 다투는 일도 더 자주 있을 겁니다. 이것이 아이에겐 큰 부담이 됩니다.

부모가 자녀의 일로 다툰 적이 없다 해도 예외가 아닙니다. 아이들은 자기중심적으로 이해하기 때문에, 부모의 불화를 대할 때도 자기가 뭔가 잘못해서 그럴지 모른다고 여기는 일이 흔합니다. 그래서 아이는 또래다운 언행을 억지로 참습니다. 가족을 지켜야 한다는 책임감 때문에 말이죠. 심리적으로 가장 역할을 하는 셈이니 어른스러울 수밖에요.

이런 아이들이 겉모습은 어른스러워 보여요. 그러나 아이를 조금만 톡 건드리면 울음을 터뜨리곤 합니다. "힘들었겠구나" 하는 한마디로 마음을 알아주기만 해도 눈물을 주룩주룩 쏟아 냅니다. 얼마나 힘든지 그동안 아무도 몰라준 것이죠.

이렇게 부모 눈치를 보기 때문에 훈육할 일이 없는 아이라면, 2단계 육아가 잘 이루어지고 있다고 보기 어렵습니다. 눈치 보는 삶을 통해 주도성이 계발되고 있다고 보긴 어려울 테니까요.

○●● 훈육의 눈높이

훈육을 해도 소용이 없다며 답답하다고 호소하는 부모님들도 많이 계십니다. 그런데 실은 훈육이 문제가 아니라 부모의 눈높이가 너무 높아 문제인 경우가 있습니다. 어느 아이라도 만족시키기 힘든 훈육 기준을 부모가 갖고 있거나, 아이가 그 기준을 만족시키려면 지나치게 가혹한 자기 절제가 요구되는 경우입니다. 부모가 자기도 어릴 때 그런 훈육을 받고 자랐다고 기억하기 때문일 수도 있고, 역경을 딛고 자수성가한 부모가 이제껏 살아남기 위해 스스로에게 요구했던 기준을 아이에게 강요할 수도 있습니다.

혹은 부모가 너무 눈치 보는 성향이 있어서 아이가 공공장소에서 조금만 시끄러워도 참지 못하는 경우가 있습니다. 아이라서 주변 사람들이 이해해 줄 만한데도 부모가 먼저 안절부절못하는 것이죠. 물론 아무리 아이라도 얌전히 행동해야 하는 특별한 시간과 장소들이 있습니다. 그런 곳에 아이를 데려가는 일은 미리 피하는 것이 좋겠죠. 군이 데려가서 아이가 도저히 지키지 못할 규칙이나 해내기 힘든 역할을 요구할 필요는 없으니까요.

무서운 조부모를 모시고 사는 경우에도 비슷한 일이 곧잘 벌어집니다. 보통은 며느리가 시부모의 눈치를 봐야 하는 일이 많으니 외조부모보다 친조부모를 모시고 사는 경우에 발생하기 쉬운데, 조부모의 기준으로 볼 때 아이가 버릇없이 행동하면 그에 대한 비난이 엄마에게 향하기 마련이어서 엄마가 아이를 예민하게 훈육하게 됩니다.

조부모와 함께 살지 않아도 부모 중에 한 사람이 예민할 수 있겠죠. 이 경우 부모 한 사람으로부터 출발한 예민함이 둘 사이에서 지그재그로 상승 작용을 일으킬 수 있습니다. 가령 아이가 소란스러우면 엄마가 날카로워지기 때문에 엄마 눈치를 보느라 아빠가 아이를 혼내는 식입니다. 또한 아빠가 신경질을 내서 집안 분위기가 험악해지는 걸 막고자 엄마가 아이를 지나치게 통제할 수도 있어요.

너무 시시콜콜한 문제들로 부모가 잔소리를 반복하는 경우도 있습니다. 부모가 생각해도 '내가 괜히 잔소리가 많지 않나?' 싶으면 앞으로는 잔소리를 입 밖에 내기 전에 잠깐 보류하고 따져 보는 게 좋습니다. 우선, 장기적인 관점에서 다음과 같이 떠올려 보세요.

'만일 지금 잔소리를 해서 버릇을 고치지 않으면 나중에 아이가 어른이 되어서도 문제가 발생할까?'

그냥 내버려 두어도 때가 되면 저절로 고쳐지는 일도 많거든요. 또한 단기적인 관점에서 다음과 같이 떠올려 보세요.

'만일 지금 잔소리를 하면 아이가 버릇을 고칠까?'

사실 반복해 보았자 아무 소용없는 잔소리도 많습니다. 그런 잔소리라면 굳이 안 하는 게 나을 거예요. 잔소리로 인한 이득이 없을 뿐 아니라, 서로 마음만 상하게 되어 오히려 손해인 경우가 많거든요. 차라리 꾹 참고 때를 기다리는 게 절반의 승리라도 얻는 길이죠.

참고로, 지나친 훈육을 하는 원인이 부모의 우울 때문일 수도 있습니다. 우울하면 자극에 둔해질 수도 있지만 너무 예민해지기도 합니다. 몸의 통증도 더 아프게 느껴지고, 신경에 거슬리는 일도 늘어나죠.

요컨대 훈육은 너무 부족해도 안 되지만 너무 지나쳐도 문제입니다. 아이의 발달 단계에 따라 카멜레온 변신이 필요하다고 해도 육아의 1, 2, 3단계를 통틀어 부모가 든든한 울타리 역할을 해 주어야 함은 변함없습니다. 다만 구체적인 방식이 달라질 뿐이죠.

아기 때 몸이 다치지 않도록 돌봐 주는 것만 울타리 역할이 아닙니다. 아이가 자립하기까지 정신적으로 보살펴 주는 울타리 역할도 그에 못지않게 중요합니다.

○ ● ● 공부의 함정

공부 얘기를 안 할 수 없습니다. 2단계는 아이의 주도성이 중요한 시기라고 했습니다. 그런데 우리나라 부모님들이 가장 잘 안 되는 것 중에 하나가 아이 스스로 공부하게 하는 겁니다. 사실 스스로 열심히 공부하는 초등학생 어린이가 얼마나 되겠습니까? 이 시기에는 스스로 공부하는 아이가 억지로 시켜서 공부하는 아이보다 성적을 잘 받기가 어렵습니다. 지능 같은 다른 조건이 비슷하다면 그렇습니다.

물론 아이가 타고난 천재라면 다르겠죠. 그런데 천재 자녀를 성공시키려고 공부에 목매는 건 아니잖아요. 평범한 자녀에게 공부해라 하는 것이죠. 그래서 부모가 아이를 붙들고 억지로 공부를 시킵니다.

적당한 정도면 별문제 없습니다. 하지만 적당한 정도가 워낙 애매해요. 붙들고 공부를 시키다 보면 기왕 하는 거 더 단단히 붙들고 열심히 시키게 됩니다. 그렇게 시켜 보니 성적도 오릅니다. 그러니 잘하고 있다고 판단합니다. 바로 여기에 함정이 있습니다.

자녀의 정신 발달 단계를 알면 그 함정을 이해할 수 있습니다. 앞에서 읽은 육아의 원리를 떠올려 보세요. 아이를 단단히 붙들고 공부를 시키다 보면 당장은 시험 성적이 잘 나올지 몰라도, 아이는 주도성을 발휘할 기회를 제한받게 됩니다.

만약 주도성이 지나치게 억눌린 상태로 2단계를 지내면 발달 단계를 성공적으로 보내지 못했으니 3단계로 넘어갈 즈음 문제가 생깁니다. 의욕을 잃어버립니다. 주도성이 메마르는 겁니다. 의욕을 잃어버리면 공부를 잘할 수 없습니다. 청소년이 되면 부모가 붙들고 시키는 공부만으론 대부분 한계가 있기 때문이죠. 아이 스스로 공부하려는 의욕이 필요합니다.

초등학생 때는 부모가 억지로 붙들고 공부를 시켜 성적이 잘 나오니 순조롭다는 착각이 듭니다. 하지만 그건 초등학교 때까지입니다. 3단계 청소년기로 넘어가면서 환상이 깨집니다.

물론 너무 지나칠 때 그렇다는 말입니다. 조금이라도 억지로 붙들고 공부를 시키면 절대 안 된다는 뜻이 아닙니다. 그리고 아이마다 다소 성향 차이는 있기 마련이니, 겉보기에 약간 더 주도적인 아이와 약간 덜 주도적인 아이를 놓고 함부로 어느 쪽이 좋다고 말하기도 곤란합니다. 따라서 주도성도 적절히 높여 주면서 동시에 공부도 적당히 시켜야죠.

○●● 훈육이 잘 안돼요

훈육을 열심히 하려고 하지만 잘 안된다는 부모들도 있습니다. 마음이 약해지거나 아이가 가여워서 훈육을 못 하는 게 아닙니다. 훈육은 전혀 필요 없다는 육아 신념을 갖고 있는 것도 아닙니다. 나름대로 한다고 하는데 별 효과가 없습니다. 그렇다고 아이에게 기대하는 눈높이가 너무 높은 것도 아닙니다.

이럴 때는 두 가지 방향에서 생각해 봐야 합니다. 양육자에게 원인이 있는지, 아니면 아이에게 원인이 있는지.

양육자에게 원인이 있는 경우는 부모가 훈육 방법을 잘 모르는 경우가 대표적입니다. 이에 대해선 여기서 길게 설명하지 않겠습니다. 이 책을 다 읽어 보면 도움이 될 테니까요. 후반부의 구체적인 기술들까지 읽어 보길 권합니다.

다만 부모들이 자주 착각하는 게 하나 있는데요. 훈육 방법은 지식으로 알 필요도 있지만 결국 실제로 할 줄 알아야 합니다. 축구 잘하는 법에 관한 책만 읽는다고 축구를 잘하게 되는 건 아니잖아요. 실제로 공을 잘 다루려면 어떻게 해야 하죠? 연습을 열심히 해야죠. 마찬가지로 육아 서적에서 읽은 걸 건성으로 한 번 해 보고는 효과가 없다고 하면 되겠어요? 안 됩니다. 연습을 해서 익숙해져야죠.

반면에 아이에게 원인이 있는 경우라면, 즉 부모가 훈육을 적절히 하고 있는데도 아이가 배우지 못하고 행동이 나아지지 않는다면 전문가와 상담이 필요할 수 있습니다. 앞에서도 말했지만 이건 다른 문제가 있다는 신호일 수 있기 때문이에요. 효과 없는 훈육을 반복하다가 시간만 보내서는 안 됩니다. 자칫 아이 마음에 상처를 줄 수도 있고, 아이와의 관계만 틀어질 수 있습니다.

성공 경험
칭찬으로 성공의 바퀴를 굴려라

○ ◉ ● **악순환에서 선순환으로**

사람은 살면서 누구나 실패도 하고 성공도 합니다. 아이들도 마찬가지인데요. 실패와 성공은 아이에게 어떤 영향을 줄까요?

다음 페이지의 그림을 보면서 이해해 보겠습니다. 아이가 어쩌다 실패를 경험했다고 가정해 봅시다(①). 그러면 ②, 실패 경험으로 인해 어른들의 꾸중이나 친구들의 비난을 받을 수 있는데요. 말하자면 부정적인 피드백을 받게 됩니다. 꾸중하거나 비난하는 사람이 없더라도 근본적으로 다르지 않습니다. 아이 본인이 자기가 실패 경험을 한 것을 아니까요. 이것도 부정적인 피드백을 받는 셈입니다.

그 결과, 아이는 자존감이 떨어지고 의욕이 저하되죠(③). 이렇게 의기소침해지면 어떻게 될까요? 의욕이 떨어져 열심히 하지 않으니, 다시 ①, 다음에도 실패 경험을 할 확률이 높아지겠죠. 이렇게 악순환이 되풀이되어 상황이 점점 심각해집니다.

물론 실제 상황에선 대개 실패 경험뿐 아니라 성공 경험도 섞여서 일어나니 이토록 단순하지는 않습니다. 하지만 만일 실패 경험만 반복되거나 아이가 실패에 대한 피드백만 자꾸 받게 되면 이런 악순환이 생길 수 있습니다.

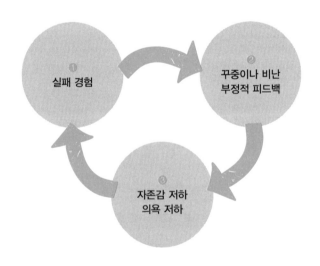

자꾸 실패에 대한 피드백만 받게 되는 예로는, 아이가 잘할 때는 부모 눈에 들어오지 않다가 못할 때만 부모가 눈여겨보고는 꾸중이나 비난을 일삼거나 한숨을 푹푹 내쉬는 경우가 있습니다. 반면에 아이 스스로 실패에 너무 예민한 경우도 있어요.

그럼 이 같은 악순환을 끊기 위해 부모가 어떻게 해야 할까요? 이제 칭찬에 대해 알아볼 차례입니다.

○ ● ● 섣부른 칭찬이 위험한 이유

아이가 정신 발달 2단계에 들어서면 자신의 역할을 찾으려 합니다. 이때의 역할은 미래의 직업을 결정하거나 평생의 사명을 발견하는 것처럼 거창한 역할을 말하는 건 아닙니다. 아이가 주도성을 발휘해서 할 수 있는 모든 소소한 일을 아우른다고 이해하면 됩니다. 혼자 옷을 입거나, 밥을 스스로 떠먹거나, 집 안 청소를 할 때 부모를 도와주는 것 등의 일들이 모두 역할이라고 보면 됩니다. 그리고 자기 역할을 잘해 냈을 때 아이의 자존감이 올라갑니다. 어린이뿐 아니라 청소년도 마찬가지이고, 사실 어른도 그렇습니다.

맡은 역할을 잘해 냈는데 칭찬까지 받으면 금상첨화입니다.

그런데 칭찬이 좋다고 무조건 칭찬만 하는 부모도 있습니다. 과연 좋은 일일까요?

아이들은 부모가 생각하는 것보다 똑똑할 때가 많습니다. 진짜 칭찬과 가짜 칭찬을 부모가 생각하는 것보다 더 잘 구별할 때가 많아요. 그런데 자기가 잘하지 않은 걸 이미 알고 있는 아이는 칭찬받았을 때 오히려 기분이 좋지 않을 겁니다. 처음엔 왜 칭찬하는지 영문을 몰라 잠시 혼란스럽다가, 곧 아이는 부모가 억지로 칭찬해 주었음을 깨달을 테니까요. 자기가 상처받을까 봐 부모가 거짓말했다는 걸 알게 되죠. 그 사실을 안 아이는 어떤 감정을 느낄까요? 부모의 배려에 고마움을 느낄까요? 왜 거짓말을 했냐고 화를 낼까요? 아니, 비참한 기분이 들지 모릅니다.

'내가 얼마나 못났으면 엄마, 아빠가 나를 속여 가며 가짜로 칭찬을 할까?'

이런 생각이 스칠 수도 있을 겁니다. 결국 섣부른 칭찬이 아이의 자존감을 오히려 더 떨어뜨리는 결과를 낳을 수 있습니다.

아이가 자기가 칭찬받을 일을 했는지 꾸지람 들을 일을 했는지 전혀 모르는 경우도 있습니다. 나이가 너무 어리면 당연히 그렇겠지만, 그게 아니라면 문제가 심각할 수 있어요. 그러나 대부분의 아이들은, 설령 자기가 뭘 잘못했냐고 대들더라도 속으론 잘못한 걸 알고 있는 경우가 많습니다. 따라서 거짓 칭찬을 하는 부모는, 의도적이든 아니든, 자녀를 낮잡아 보고 있는 셈이 됩니다. 아기 취급을 하는 것이죠.

누군가 자신을 낮잡아 보는데 자존감이 올라갈 리 없잖아요. 칭찬을 너무 안 해 줘도 문제이지만 거짓 칭찬이나 무분별한 칭찬도 문제가 됩니다. 다시 그림을 보면서 이해해 봅시다.

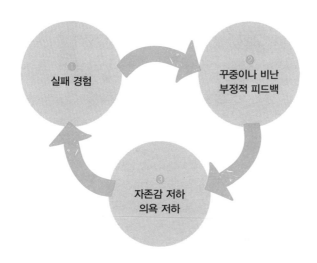

언제부턴가 아이의 자존감과 의욕이 저하되어 있는 걸 부모가 발견합니다(③). 자존감과 의욕이 저하되다 보니 아이는 노력도 덜 하게 되고, 실패 경험이 늘어납니다(①). 그로 인해 부정적 피드백을 받아(②), 자존감과 의욕이 더 떨어지는(③) 악순환이 생깁니다. 이런 악순환을 끊고 아이를 돕기 위해 부모는 칭찬을 많

이 해 주기로 합니다. ②에 꾸중이나 비난 같은 부정적 피드백 대신 칭찬을 넣어 주는 겁니다.

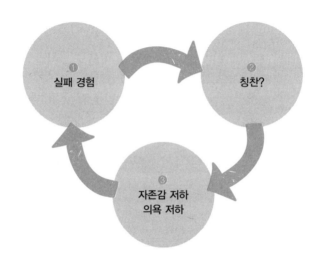

오늘도 아이는 밖에서 실패 경험을 하고 집에 들어왔는데(①), 부모는 무조건 칭찬해 줍니다(②). 이렇게 되면 아이는 자기가 얼마나 못났기에 부모가 가짜 칭찬을 할까 싶을 겁니다. 그러면 자존감과 의욕이 더 떨어질 수 있습니다(③). 혹은 자기가 겪는 일(실패)들을 부모가 전혀 모르고 있다고 단절감을 느낄지도 모릅니다. 따라서 부모가 모처럼 마음먹고 시작한 칭찬들이 별 소용이 없습니다. 오히려 문제를 악화시킬 수도 있습니다.

여기까지 읽고 난감한 분도 있을 겁니다. 자녀가 자존감이 낮아서 걱정하던 부모님이면 특히 그렇겠죠. 아이의 자존감을 높여 주고 싶은데 칭찬도 함부로 하지 말라니! 그럼 도대체 어쩌란 말인가? 하면서요.

칭찬을 해 주지 말라는 말이 아닙니다. 아이가 정말로 잘했을 때 칭찬해 주라는 말입니다.[9]

○●● 칭찬할 기회를 끈기 있게 기다리는 부모

아이가 정말로 잘했을 때 칭찬하려면 아이에게 관심을 갖고 유심히 지켜봐야 합니다. 그래야 정말로 잘하는 순간을 포착할 수 있으니까요. 결정적 찰나를 카메라에 담기 위해 기다리는 사진사처럼 칭찬할 기회를 끈기 있게 기다리세요. 평소에 신경 써서 아이를 보고 있다가 뭔가 조금이라도 잘한 걸 발견하면 칭찬해 주면 됩니다.

유튜브만 즐겨 보던 아이가 어쩌다 혼자서 책을 읽었습니다. 이때를 놓치지 말고 칭찬해 주는 겁니다. 친구들에게 말 한마디 못하던 아이가 쭈뼛쭈뼛 짝꿍에게 말을 걸었다거나 줄넘기를 싫어하는 아이가 스스로 줄넘기 연습을 한다거나 아이가 무언가를 할 때마다 소소한 성공 경험일지언정, 부모는 그것을 발견해서 칭찬해 줍니다. 긍정적 피드백을 주는 것입니다. 물론 누가 알아주지 않더라도 아이는 자신의 성공을 이미 목격했습니다. 또 부모 외에 다른 어른들의 칭찬이나 친구들의 격려를 받을 수도 있습니다. 그런 것들이 모두 긍정적인 피드백이 됩니다.

하지만 아이들은 성공 경험을 해 놓고도 그게 성공 경험인지 모를 때가 있습니다. 자존감이 많이 떨어져 있는 아이라면 특히 그렇습니다. 그런 경우엔 다음 그림에 있는 성공 경험(①)이 존재하지 않는 셈입니다. 성공 경험을 했더라도 아이가 그걸 모르고 있으면 아이 마음속에 그것이 성공 경험으로 존재하지 않는 것이죠. 따라서 그 성공의 순간을 포착해서 알려 주는 사람이 필요합니다. 그때 비로소 성공 경험이 존재하게 됩니다.

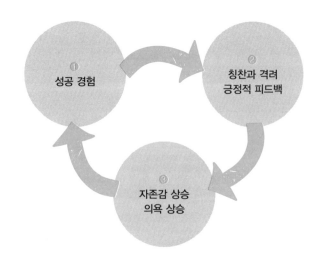

어떻게 보면 칭찬과 격려(②)가 아이의 성공 경험을 만들어 준 것입니다. 부모의 역할은 이처럼 중요합니다. 아이의 성공 경험에 '성공 경험'이란 이름을 붙여 주어야 하니까요.

부모의 칭찬과 격려를 들은 아이는 인정을 받았으니 신이 나고, 부모가 자신에게 관심을 갖고 있다는 사실에 또 신이 납니다. 그 결과, 자존감이 올라가고 의욕이 상승합니다(③). 그럼 의욕을 갖고 적극적으로 임하니 다음에도 성공을 경험할 확률이 높아지겠죠.

○●● 부모는 자녀의 성공 연출가

때로는 성공 경험이 나타날 때까지 지켜보며 기다리는 것만으로 충분하지 않을 수 있습니다. 저절로 발생하는 성공의 빈도가 높지 않거나 부모가 줄곧 지켜보고 있기 어려울 때 특히 그렇습니다.

물론 아이가 성공을 경험하는 모든 순간을 포착해야 할 필요는 없습니다. 그건 불가능하죠. 하지만 성공 경험이 좀처럼 관찰되지 않거나 부모가 피드백을 줄 기회 자체가 오지 않으면, 성공 경험을 일부러라도 만들어 주는 것이 필요합니다.

아, 오해하지 마세요. 아이가 할 일을 부모가 대신해 줘서 성공적인 결과를 만들어 준다는 뜻이 아닙니다. 아이 스스로 성공을 경험하도록, 부모는 그런 기회만 만들어 주면 된다는 것입니다. 단, 아이의 능력 수준과 아이가 하고자 하는 정도를 봐 가며 성공 기회를 제공해야 합니다. 노력 없이도 할 수 있는 일이면 부적당하겠죠. 그렇게 쉬운 일이면 하고 나서도 성공했다는 느낌이 들지 않을 테니까요.

반대로, 웬만큼 노력해도 해내기 어려운 일도 역시 적당하지 않습니다. 하다가 포기하면 실패 경험만 하나 더 늘어나는 셈이니까요. 이제 막 띄엄띄엄 한글을 읽는 아이에게 혼자서 동화책을 한 권 다 읽으라고 시킨다거나, 산책 정도 하는 아이와 등산을 시도한다면 아이는 노력해도 되지 않음에 실망하고 결국엔 '나는 잘 못하는 아이'라고 생각하게 됩니다. 어느 정도 노력을 기울이면 성공할 수 있는 일, 아이가 시도해 보도록 부모가 조금 격려하면 충분히 해낼 수 있는 일, 이런 정도가 적당합니다.

기왕이면 놀이 과정에서 성공할 기회를 줄 수 있으면 좋습니다. 힘든 과제가 아니라 놀이로 인식하도록, 놀이에 참여하다 보니 성공을 경험하도록 말이에요. 그래야 아이가 처음부터 거부감 없이 노력해 보게 되고, 놀이가 끝나고 나서도 노력과 성공이 즐거운 것이라는 인식이 싹틉니다. 학교 선생님이라면 학급에서

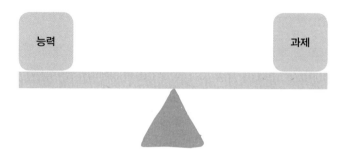

적당한 역할을 만들어 아이에게 줘 보는 것도 좋습니다. 역할을 잘 수행하는 것도 대단한 성공 경험이 됩니다.

○●● 아이의 숨통을 조이는 칭찬

정말로 잘했다는 건 좋은 성과를 냈을 때와 열심히 노력했을 때를 모두 포함합니다. 혹자는 성과에 대해선 칭찬하지 말고 노력에 대해서만 칭찬하길 권하기도 하던데, 그렇게까지 구분할 필요가 있을까 싶습니다. 보통은 약간이라도 노력을 해야 성과를 낼 수 있으니까요. 하지만 칭찬의 초점을 노력에 맞춰야 하는 건 맞습니다. 순전히 우연으로 인해 성과가 났다면 칭찬이 아니라 축하를 해 주어야겠죠.

성과를 낸 것도 아니고 노력을 한 것도 아닌데 칭찬하는 건 적절하지 않습니다. 대표적으로 아이의 자질에 대해 너무 많이 칭찬하는 건 좋지 않습니다. 똑똑하다거나 착하다는 등의 칭찬이 그것입니다. 아무런 계기도 없는데 굳이 이런 칭찬을 계속해 주면 아이는 오히려 불안해질 수 있습니다.

예를 들어 부모가 만날 똑똑하다고 칭찬하면, 여기엔 부모의 기대가 담겨 있거든요. 아이가 아무리 똑똑하더라도 "넌 똑똑한 아이야"라고 한마디로 규정하긴 힘들어요. 모든 아이는 똑똑할 때가 있다가도 어리석은 실수를 할 때도 많으니까요. 따라서 부모의 기대가 섞인 것으로 봐야죠.

그런데 이런 말을 시도 때도 없이 듣는다고 해 보세요. 아이는 부모의 기대에 부응하지 못할까 봐 불안해질 수 있습니다. 어리석은 실수를 해서 부모를 실망시킬까 봐 오히려 주눅이 들 수도 있어요. 본인 입장에서 상상해 보세요. 남들이 내가 엄청 똑똑한 줄 알고 구경하고 있는데 막상 나는 답도 모르겠고 문제조차 이해가 안 간다면 어떨까요? 어른 입장에서도 얼마나 체면 상하는 일이에요. 아이도 마찬가지죠.

부모가 만날 착하다고 하는 경우도 마찬가지예요. 아이는 자기 마음 중에 착하지 않은 구석이 들통나서 부모를 실망시킬까 봐 조마조마할 수 있죠. 계속 착하게 굴어서 부모의 기대에 부응해야 한다고 느낄 수도 있어요.

이게 적당하면 나쁘지 않아요. 그런데 시도 때도 없이 똑똑하다거나 착하다는 말을 들으면 과연 현실적으로 들릴까요? 마치 "넌 시험만 보면 100점이야"라는 말처럼 현실과 동떨어진 느낌이 들 거예요. 부모의 기대가 투영된 일종의 신기루인 셈입니다. 신기루는 노력한다고 잡을 수 있는 게 아니니 아이는 부담감에 짓눌립니다.

게다가 때로는 밖에서 나쁜 짓을 하고 왔거나 방금 부모에게 거짓말을 했을 수도 있잖아요. 그랬는데 밑도 끝도 없이 착하다는 칭찬을 들으면 아이는 부모를 속이고 있다는 죄책감이 들 수도 있고, 부모가 자신에 대해 너무 모른다는 서운함이 생길 수도 있어요. 부담감, 죄책감, 서운함이 쌓이다 보면 어떻게 될까요? '나 사실은 이런 놈입니다!' 하는 마음으로, 그동안 참았던 걸 확 분출할 수도 있겠죠. 똑똑하지도 착하지도 않은 말과 행동을 쏟아 내며, 부모가 꾸중하고 실망하면 속으로 이렇게 소리칠지 모릅니다.

'나 이런 놈인 거 혼자서만 몰랐어요?'

그러니 아이가 정말로 잘했을 때 칭찬해 주면 됩니다. 실제로 착한 일을 했을 때 그걸 인정해 주는 거예요. "너 정말 착하구나"가 아니라 "너 이번에 정말 착한 일을 했구나"라고 하는 거죠. "너 정말 똑똑하구나"가 아니라 "너 아주 똑똑한 생각을 해냈구나"라고 하고요.

○ ● ● 칭찬의 초점을 주도성에 맞추자

즉, 칭찬의 초점을 아이의 주도성에 맞춰야 한다는 점이 핵심입니다. 자질에 대한 칭찬이 별로 좋지 않은 이유는 주도성을 덜 강조하기 때문입니다. 똑똑하다거나 착하다는 건 비교적 일정한 상태를 가리키는 말들이잖아요. 주도성을 발휘할 수 있는 여지가 별로 없어지는 것이죠. 부모가 그렇게 의도하지 않더라도, 아이는 뭔지 모르게 주도성을 제한받는 상태가 됩니다.

물론 그런 칭찬도 듣는 맥락에 따라 아이가 바람직하게 이해할 수 있습니다.

'아, 이번 문제는 어려워서 포기하고 싶었지만 참고 끝까지 풀었더니 정답을 맞혔구나. 그랬더니 똑똑하다는 칭찬도 해 주시네. 기분 좋다. 다음에도 어려운 문제를 포기하지 말고 끝까지 도전해 봐야지.'

아이가 이렇게 이해하면, 이것은 똑똑하다는 칭찬을 듣고 더 노력하라는 격려로 이해한 겁니다. 어째서 자질에 대한 칭찬을 듣고도 이렇게 이해한 걸까요? 아이가 정말로 잘했을 때 칭찬해 주었기 때문이죠. 포기하고 싶은 마음을 참고 끝까지 문제를 풀어내는 걸 보고 그때 칭찬해 준 거예요. 칭찬받는 이유가 뚜렷하니 밑도 끝도 없이 부담만 주는 칭찬으로 들리지 않습니다.

대개는 아이가 이렇게 알아서 잘 이해하는 경우가 많을 거예요. 그러니 칭찬할 때 좋은 칭찬인지 나쁜 칭찬인지 너무 전전긍긍할 필요는 없어요. 자질에 대한 칭찬을 절대로 하지 말라기보다 너무 자주 하면 안 좋다는 정도로 이해하면 되고요. 아무런 계기도 없는데 시도 때도 없이 칭찬하지는 않도록 하세요. 하지만 반대의 경우가 아무래도 더 나쁘겠죠. 평생 부모에게 똑똑하다는 얘기를 한 번도 들어 본 적이 없다고 생각하면 슬프지 않을까요?

이렇듯 자질에 대한 칭찬도 아이가 정말로 잘했을 때 해 주면 부작용이 적습니다. 원래 대화할 때 말 자체는 생략되더라도 맥락에 따라 전달되는 게 많잖아요. 그렇지만 기왕이면 표현 자체도 더 명확히 하면 좋겠죠. 똑똑하다는 칭찬 대신 다음과 같이 구체적으로 말해 줄 수 있을 겁니다.

"어려운 문제였는데 포기하지 않고 끝까지 답을 구해 내더구나. 정말 멋있었다."

아이가 끈기라는 형태의 주도성을 발휘한 데 대해 구체적으로 칭찬해 주었습니다. 한결 명확하죠. 여기서 멈출 수도 있고,

혹은 다음과 같이 부탁하면 더욱더 전달하고자 하는 바가 명확해지겠죠.

"앞으로 숙제하다가 어려운 문제가 나오면, 방금 한 것 정도로만 노력해 줄 수 있겠니?"

마찬가지로, 착하다는 칭찬도 이렇게 풀어서 말해 줄 수 있습니다.

"너도 갖고 싶었던 선물인데 동생에게 양보하다니 놀랐다. 참착한 일을 했구나."

이번에는 아이가 양보라는 형태의 주도성을 발휘한 데 대해 칭찬해 주었습니다. 그런데 이 칭찬에는 아직 모호한 부분이 있습니다. 무엇을 잘했다는 뜻인지는 구체적으로 드러나 있지만, 앞으로 어떻게 하길 원하는지는 구체적으로 드러나 있지 않아서 오해의 소지가 큽니다. 동생이 달라고 조르면 뭐든지 항상 동생에게 양보하길 바라는 걸까요? 그건 거의 불가능한 일이어서 이 점이 모호하다고 판단되면 아이는 이 칭찬이 부담스럽겠죠. 아이의 의욕을 고취하여 주도성을 발휘하게 하려면, 부모의 뜻이 더 명확히 전달되는 게 유리할 수 있습니다. 이 경우에는 이렇게 부탁을 덧붙일 수 있을 겁니다.

"네가 잘 갖고 놀지 않는 장난감들 중에서 혹시 동생이 갖고 싶다고 조르면 양보할 수 있는 것들을 미리 골라 놓을 수 있겠니?"

다만 모든 칭찬이 부탁으로 이어지면 칭찬의 진정성이 퇴색할 테죠. 게다가 부모와 자녀 사이처럼 힘의 불균형이 있는 관계에서는 부탁이 자칫 요구나 명령으로 변질되기 쉽습니다. 과연 부탁을 덧붙이는 게 좋을지, 아니면 칭찬에서 멈출지, 그때그때 신중하게 결정하세요.

요컨대 아이가 정말로 잘했을 때, 아이가 발휘한 주도성에 초점을 맞춰 구체적으로 칭찬해 주면 그것으로 더할 나위 없습니다.

어느 날 그런 칭찬을 받은 아이는 깜짝 놀랄지도 모릅니다.

'엄마(아빠)가 원하는 게 이거였어? 이런 일이야 얼마든지 해 줄 수 있지!'

○ ● ● 칭찬을 발굴하는 요령

간혹 "우리 애는 아무리 봐도 칭찬할 구석이 없더라" 하는 부모들도 있습니다. 그렇다면 다음의 세 가지 요령을 기억해 봅니다.

첫째, 평소보다 나을 때를 발견하세요.

아무리 말썽꾸러기라 해도 매일이 똑같을 순 없습니다. 더 못하는 날도 있고 덜 못하는 날도 있기 마련이죠. 이는 곧 평소보다는 잘하는 날이 있다는 뜻이에요. 잘해 보았자 다른 아이들에

비해 턱없이 부족하다고요? 다른 아이들은 잊어버리세요. 그 아이의 평소 모습에 비해 더 잘했다면 칭찬받아 마땅합니다. 부모가 자꾸만 다른 아이들과 비교해 왔다면, 그것이 아이의 자존감을 떨어뜨린 원인일 수도 있습니다.

방송에 출연한 운동선수들이 "나 자신과의 싸움이었습니다"라고 말할 때가 있죠. 아이들도 이와 마찬가지로 자기 자신이 비교 대상이 되도록 만들어 줘야 합니다. 그래야 꾸준히 발전하고, 그렇게 발전하다 보면 티끌 모아 태산이 됩니다. 따라서 칭찬을 발굴하는 세 가지 요령 중 첫째는, 아이가 평소보다 나을 때를 발견해 칭찬하는 것입니다.

둘째, 긍정적 측면과 부정적 측면은 공존할 때가 많다는 것을 기억하세요.

예를 들어 진료실에 들어와 말없이 눈치를 보는 아이들이 있습니다. 그런 아이에게 부모는 자꾸 핀잔을 줍니다. 물론 어렵게 예약을 하고 왔는데 아이가 말이 없으니 답답할 수 있습니다. 하지만 핀잔을 준다고 갑자기 안 나오던 말이 나올 리 만무합니다. 그리고 사실은 다른 아이들도 낯선 진료실에 들어오면 말을 잘 못 하는 경우가 많아요. 따라서 별로 이상할 게 없습니다.

그래도 어떤 부모는 아이가 씩씩하게 말 잘하는 걸 선호할 수도 있겠죠. 다른 부모였으면 아무 데서나 말을 많이 하는 걸 좋아하지 않을 수도 있는데 말이에요. 이렇듯 아이의 행동을 꼭 부정적으로만 보기 어려운 경우가 꽤 많습니다. 너무 부정적으로만 보고 다른 관점이 존재할 가능성을 무시한다면 부모의 기준이 편향된 것입니다.

진료실에 들어와 말이 없고 눈치를 보는 아이에겐 침착하고 얌전한 태도를 칭찬해 줄 수 있습니다. 반대로 말이 많고 부모가 상담할 때 끼어들려고 하는 아이들도 있습니다. 그런 아이에겐 적극적인 태도를 칭찬해 줄 수 있습니다. 융통성 있게 관점을 바꿔 가며 칭찬하면 되는 건데, 이런 칭찬이 가능하다는 걸 상상조차 해 보지 않은 부모들이 의외로 많습니다. 그래서 저는 일부러 아이를 배려하기 위함이기도 하지만 부모에게 보여 주려는 목적에서 이런 칭찬을 하기도 합니다. 이렇듯 긍정적 측면과 부정적 측면은 동전의 양면처럼 붙어 있습니다. 칭찬할 구석을 찾는 요령입니다.

물론 칭찬해 주는 것과 그 행동을 부추기는 것은 별개가 되도록 신경 써야 합니다. 눈치 보는 아이에겐 침착하고 얌전한 태도를 칭찬해 준 다음, 만약 말을 좀 더 하도록 유도할 필요가 있으면 "그런데 여긴 시험 보는 데가 아니니 말할 때 정답이 없고 떠오르는 대로 아무거나 말하면 돼"라고 안심시켜 줄 수 있습니다. 자꾸 끼어드는 아이에겐 적극적인 태도를 먼저 칭찬해 주고, 만약 조금 자제시킬 필요가 있으면 "적극적인 모습이 좋긴 하지만 부모님이 말씀할 땐 잠시 기다렸다가 자기 순서에 말을 하면 더 멋있겠다"라고 격려해 주면 됩니다.

아이가 취한 태도에서 긍정적인 측면부터 찾아 칭찬해 준 다음, 여기는 '떠오르는 대로 말하는 곳'이라거나 지금은 '부모님이 말씀할 때'라는 등의 작은 예외를 알려 주는 것입니다. 뒤에도 나오겠지만 마음은 공감해 준 후에 행동은 조절하도록 가르치듯이, 긍정적인 측면을 충분히 칭찬해 준 후에 꼭 덧붙일 말이 있으면 덧붙입니다.

물론 아이가 명백히 부정적인 행동을 할 때는 칭찬해 주면 안 됩니다. 하지만 그럴 때도 칭찬 대신 '마음 공감'을 활용할 수 있습니다. 예를 들어 눈치 보는 아이에겐 "처음 보는 어른이 갑자기 말을 시키니 어색하지? 사실 좀 당황스러울 수 있을 것 같구나" 하고 공감해 주는 것이 가능합니다. 자꾸 끼어드는 아이에겐 "하고 싶은 말이 있는데 어른들끼리만 말하니 기다리기 힘들었겠네. 말하려던 걸 잊어버릴까 봐 걱정도 되고"라는 말로 공감을 통해 다독일 수 있습니다.

이렇듯 명백히 부정적인 행동을 했을 때도 그 마음을 읽어 주고 공감해 줄 순 있습니다. 하지만 이때 칭찬을 할 수는 없을 겁니다. 다만 꼭 부정적으로 보기만 할 행동이 아닌데 부모가 마음에 안 들어 하고 자꾸 잔소리를 하는 경우가 꽤 많습니다. 그로 인해 아이의 자존감이 떨어지기도 하고요. 특히 아이 나름대로는 타당한 구석이 있어 그 행동을 했던 거라면, 부정적으로만 평가받았을 때 무척 실망하겠죠. 이런 경우를 예방하기 위해서 아이의 행동에는 긍정적 측면과 부정적 측면이 공존할 수 있다는 점을 기억합니다.

셋째, 성공 경험이란 별것 아니라는 점을 이해하세요.

꼭 무슨 거창한 성과를 내야만 성공이 아니라는 말입니다. 가령 반에서 1등을 해야만 성공이 아닙니다. 심지어 전교 1등을 해도 잘했다고 인정하지 않는 부모들도 있습니다. 전교 1등 위엔 전국 1등이 있고, 전국 1등을 해도 세계 무대에선 어떨지 알 수 없으니까요. 이렇게 극단적인 예는 드물지만, 칭찬에 인색한 부모는 아주 흔합니다.

소소한 성공 경험을 부모가 인정해 주는 게 필요합니다. 물론 소소한 성공에 대해 지나치게 큰 칭찬을 해 줄 필요는 없습니다. 오히려 놀린다고 받아들일 수 있으니까요. 소소한 성공에 대해선 소소하게 칭찬해 주면 됩니다. 다만 진심을 담아 칭찬해 주세요.

놀이
실컷 놀면서 공부하는 방법

○ ● ● 놀이라는 이름의 마법

가끔 진료실 밖에서 아이가 악을 쓰고 울 때가 있습니다. 병원에 왔으니 뭔가 아픈 일이 생길 줄 알고 겁을 먹은 거죠. 그런데 문이 열리고 진료실 한쪽에 놓여 있는 장난감들이 눈에 띄면, 아이는 금방 울음을 멈추고 홀린 듯이 술술 걸어 들어옵니다.

걸어 들어올 만큼, 아니, 큰 소리로 울 수 있을 만큼 기력이 있는 아이들만 장난감에 홀리는 건 아닙니다. 제 진료실에는 심각한 신체 질환으로 치료받는 아이들도 많습니다. 때로는 얼마 후

144

죽음이 예상되는 아이가 걷지 못할 정도로 쇠약해진 탓에 휠체어에 몸을 싣고 진료실에 옵니다. 신체 질환 자체는 제 전문 분야가 아닙니다만, 몸에 무슨 병이 있건 별도로 마음에도 병이 생길 수 있죠. 그래서 제게 옵니다.

아이는 수척해진 몸으로 기력 없이 휠체어에 파묻혀 있고, 아이의 얼굴에선 생기라곤 찾아볼 수 없습니다. 진료실 중엔 놀이를 통한 치료를 할 수 있게 장난감으로 가득한 방이 있는데, 아이 앞에서 그 방의 문을 열어 줍니다. 그러면 '알리바바의 주문'이라도 왼 듯 마법이 일어나기도 합니다. 영영 생기를 잃은 것만 같던 아이 얼굴에 그 순간만큼은 밝은 미소가 가득 차오릅니다.

놀이의 힘은 그토록 강력합니다. 하지만 어른들은 놀이의 중요성을 얕보는 경향이 있죠. 그렇다면 놀이가 왜 중요한지 살펴봅시다.

○●● 놀이로 마음을 표현한다

원래 마음을 말로 표현하긴 어렵습니다. 어른도 쉽지 않죠. 그런데 놀다 보면 자연스레 표현이 되기도 합니다.

아이가 유치원에서 친구들의 괴롭힘 때문에 우는 일이 있었다고 해 봅시다. 집에 온 아이는 그 일을 부모에게 쉽게 털어놓을까요? 보통은 아닐 겁니다. 창피해서 그럴 수도 있고, 부모가 어떤 반응을 보일까 무서워서 그럴 수도 있고요. 혹은 어떻게 말하면 좋을지 적절한 표현이 떠오르지 않아서 그럴 수도 있죠. 이런 이유들이 모두 섞여서 말을 안 하게 만들 수도 있어요. 어쩌면 굳이 얘기할 만한 일인지 모르겠어서 그냥 넘어갈 수도 있을 테죠.

하지만 아이는 말로는 털어놓지 않더라도, 조용히 방에 들어가 인형을 갖고 놀면서 자신이 겪었던 상황을 재현할 순 있습니다. 다른 인형들이 한 인형을 괴롭히며 "넌 그것도 모르니? 너 바보야?", "난 너랑 놀기 싫어", "너네 집으로 가" 말하는 식으로요. 그걸 보고 부모는 아이의 마음을 유추해 보거나 아이가 겪은 경험을 짐작해 볼 수 있죠. 아이가 노는 소리를 얼핏 들었는데, 한 인형이 다른 인형에게 상처 주는 말을 하는 설정이 자꾸만 되풀이된다면 아이가 그런 말을 어디서 들었을까 한 번쯤 생각해 볼 필요가 있습니다.

'텔레비전에서 보았을까? 유치원에서 겪은 걸까? 우리 부부가 다툴 때 그런 말도 했던가?' 언제 기회를 봐서 아이가 당황하지 않게 넌지시 물어볼 수도 있고요. 이렇듯 놀이는 마음을 표현하는 수단이 되며, 부모 입장에선 아이의 마음을 이해할 수 있는 기회가 됩니다.

물론 아이들은 자신이 겪은 일을 그대로 재현하지 않을 때도 많습니다. 그러니 놀다가 나온 표현을 모두 곧이곧대로 받아들일 일은 아니죠.

아이들은 이야기를 곧잘 새로 지어냅니다. 가령 실제로는 유치원에서 괴롭힘을 당해 울었지만, 집에 와서 놀 때는 자신의 역할을 맡은 인형이 상대방의 괴롭힘을 당당하게 물리치는 이야기로 개작할 수 있죠. 그런데 여기엔 스스로 상처를 치유하는 의미도 있습니다. 놀이가 치유로 이어지는 것입니다.

○●● 놀이로 상처를 치유한다

사실 표현하는 것만으로도 치유 효과가 있어요. 그런 경험 없으세요? 속으로 고민할 때는 너무나 심각해 보이던 문제가 입 밖으로 꺼내 놓고 보니 한없이 사소해 보인 경험, 그래서 마음이 편해진 경험 말이에요. 혹은 뒤죽박죽 꼬인 것 같던 생각을 글로 적다 보니 어느덧 정리가 되고 해결의 실마리가 보이기도 하죠.

놀이도 마찬가지입니다. 놀이를 통해 마음이 표현되는 동안, 아픈 감정이 가라앉고 생각의 갈피가 잡히면서 앞으로 걸음을 내디딜 수 있는 정신적 발판이 마련되곤 하죠.

이렇듯 표현하는 것 자체로도 치유 효과가 있지만, 이야기를 개작함으로써 현실의 고통을 더 누그러뜨리는 면도 있습니다. 한번 떠올려 보세요. 혹시 살면서 후회되는 일이 있나요? 이루지 못한 소망 같은 것도 좋아요. 그런데 언젠가 과학 기술이 발전하여 그 소망을 가상 현실로 경험해 볼 수 있다면 어떨까요? 한 많은 인생이 좀 더 견딜 만해지지 않을까요?

꼭 거창한 소망이 아니라도 괜찮아요. 오늘 직장에서 상사에게 억울한 꾸지람을 들었는데 일언반구 대꾸를 못 했다고 해 보세요. 마음이 답답하겠죠. 그런 날엔 퇴근 후 가상 현실 장치에 들어가 그 장면을 재현하는 거죠. 그래서 상사한테 하고 싶었던 말을 마음껏 퍼부어 주는 거예요. 고개를 당당히 치켜들고 상사의 두 눈을 똑바로 노려보면서 말이에요. 아주 후련하겠죠.

그것으로도 부족하면 가상 현실 장치의 버튼을 조정해 보세요. 상사가 부글부글 끓다가 급기야 울음을 터뜨리게 하는 거죠. 엉엉 소리 내어 울면서 줄행랑을 치도록 내 마음대로 바꾸는 거예요.

그런 첨단 장치가 개발될 때까지 어른들은 좀 더 기다려야 할지 몰라도, 아이들은 간단한 장난감만 갖고도 이미 그렇게 할 수 있습니다.

그런데 만일 놀이를 통하지 않고 진지하게 말로 하면 어떨까요? 유치원에서 괴롭힘을 당한 아이가 집에 돌아와 인형 놀이를 통해 이야기를 개작하는 대신, 부모에게 이렇게 말을 한다고 생각해 보세요.

"오늘 유치원에서 ○○가 괴롭혀서요. 내가 뭐라고 하니까 울면서 도망갔어요."

거짓말이죠. 말로 하면 거짓말이 돼요. 놀이를 통하면 거짓말이 아니지만요. 소설을 창작하는 일이 거짓말이 아닌 것과 같아요. 원래 놀 때는 그러잖아요. 가짜란 걸 다들 알면서도 진짜인 것처럼 임시로 가정하고 놀이에 참여하죠. 그래서 놀이를 통하면 거짓말로 인한 부작용을 피하면서 스스로를 위로할 수 있다는 장점이 있어요.

○ ● ● 연습한다, 극복한다, 성숙한다

앞서 언급한 가상 현실 장치가 있다면 어떤 식으로 이용하게 될까요? 매번 상사에게 똑같은 호통을 치고 있진 않겠죠. 그럼 재미없을 테니까요. 다양한 방식으로 놀아 볼 겁니다. 한번은 상사의 꾸지람을 천연덕스러운 미소로 무마해 보기도 하고, 한번은 상사가 꾸짖는 동안 머릿속으론 딴 세상에 가 있어 보기도 하고, 한번은 공손한 태도를 유지하면서 상사에게 조목조목 할 말을 해 보기도 하고요. 그러다 문득 자기가 잘못한 점도 있음을 깨닫고는 그걸 고치기로 마음먹을지도 모르죠.

아이도 마찬가지랍니다. 놀이라는 가상 현실로 도피해 위로만 받고 마는 게 아니라, 그 과정에서 내일을 대비하는 연습도 하게 됩니다.

유치원 친구들의 괴롭힘은 아마 오늘 하루로 끝나지 않을 거예요. 내일도 똑같은 유치원에서 똑같은 녀석들이 똑같은 방식으로 괴롭힐 가능성이 높아요. 하지만 그렇다고 내일도 똑같이 당해야 한다는 법은 없습니다. 아이는 내일은 더 바람직한 대응을 할 수 있을지 모르고, 어쩌면 오늘 놀다가 그 방법을 찾을 수 있을지도 모르죠.

다만 부모가 괴롭힘에 대해 미처 모르고 있을 경우에 놀이를 통해 아이 스스로 해결 방법을 찾기도 한다는 뜻이지, 아이가 괴롭힘을 당하고 있는 걸 이미 알면서도 가만히 지켜보기만 하라는 뜻은 아닙니다. 유치원에서 다른 아이들이 반복해서 자녀를 괴롭히는 걸 부모가 알게 되었다면 적극적으로 도와주는 게 좋습니다. 특히 어릴 때는 선생님의 중재가 강력한 힘을 발휘하니 선생님께 알리고 도움을 청하세요. 아이 스스로 극복해야 한다면서 전혀 도움을 주지 않는 부모들도 있는데, 어른도 경찰이나 사법 제도의 도움을 받잖아요. 스스로 극복하는 법을 배우려고 폭동이 난무하는 무정부 국가로 여행을 다녀오진 않죠.

하지만 놀이를 통해 아이는 스스로도 상처를 치유하고 점차 성숙합니다. 정신적 성숙을 위해선 연습이 필요한데, 놀이에는 그런 연습을 하는 기능이 있거든요.

놀이를 통해 연습하고 성숙하는 가장 보편적인 예를 몇 가지 소개합니다. 유아의 숨바꼭질 놀이는 부모와 헤어지면 어쩌나 하는 불안을 즐거운 방식으로 극복하는 놀이죠. 평상시라면 부모가 어디 있는지 알 수 없거나 자신이 어디 있는지 부모가 찾지 못할 때 아이는 엄청 무서울 거예요. 하지만 숨바꼭질 중엔 오히려 재미있어 죽죠. 찾지 못하는 시간이 너무 길어지지만 않는다면 말이에요(물론 더 커서 초등학생들끼리 하는 숨바꼭질은 누가 더 감쪽같이 숨고, 누가 친구들의 허를 찌르는지 겨루는 경쟁의 성격이 더 강할 겁니다).

다른 예로는 '귀신 놀이'가 있어요. 한 명이 귀신 역할을 맡아 술래처럼 나머지를 잡으러 다닙니다. 이런 놀이를 아이들이 즐겨 하죠. 무서워하면서도 좋아해요. 그 마음이 뭘까요? 귀신이 무서우니까 자기 자신이 귀신이 되는 것이죠. 내가 귀신이면 귀신이 무섭지 않을 테니까요. 물론 귀신을 너무나 무서워하는 아이라면 귀신 놀이를 하지 않을 거예요. 귀신이란 말도 못 꺼내게 하겠죠. 그리고 귀신에 대한 두려움이 귀신 놀이를 즐기는 유일한 이유도 아닐 테고요. 복합적인 이유가 있겠죠.

하지만 귀신 놀이를 하다 보면 어쨌거나 아이는 귀신이 덜 두려워질 거예요. 아이 자신이 귀신 역할을 맡지 않더라도, 귀신에 쫓기면서 놀더라도 그렇죠. 아빠가 귀신 역할을 맡아 아이를 잡으러 다니며 놀았어요. 이제는 귀신 하면 아이의 머릿속에서 새빨간 피나 무서운 장면만 떠오르는 게 아니라, 아빠의 우스꽝스러운 몸짓이나 비명을 지르며 한참을 웃고 뛰어다닌 기억 등 놀이와 관련된 장면들이 더해지겠죠. 특히 아빠가 요령껏 넘어져 주기도 하고, 아이가 달아날 수 있게 적당히 빈틈도 보여 가며 놀아 준다면 말이에요. 이는 아이가 두려움을 이겨 내는 데 도움이 될 거예요.

병원 놀이도 비슷해요. 주사를 맞거나 수술을 받는 건 두려운 일이죠. 그래서 아이 자신이 의사 역할을 함으로써 두려움을 극복하려 해요. 의사는 주삿바늘이나 수술 기구들을 자유자재로 다루는 사람이잖아요. 그것들을 두려워할 이유가 없죠. 아이들 생각엔 그래요. 의사는 주사를 맞는 사람이 아니라 주사를 놓는 사람, 수술을 받는 사람이 아니라 수술을 하는 사람이죠.

물론 병원 놀이를 할 때 아이가 환자 역할을 할 수도 있는데요. 이때는 두려운 경험에 관한 연습을 하는 것이죠. 이런 말이 생각나네요.

"피할 수 없다면 즐겨라."

아이는 놀이를 통해 그렇게 하고 있는 셈이에요.

○●● 놀이로 경쟁과 협동을 배운다

피할 수 없으니 즐겨야 할 때가 또 있습니다. 경쟁해야 할 때죠. 원래 경쟁도 놀이와 관련이 많아요. 스포츠를 떠올려 봐도 그렇죠. 경쟁은 흔히 힘들고 부담스럽지만, 한편으론 놀다 보면 경쟁할 때가 많습니다.

경쟁이라 하면 약육강식의 살벌한 경쟁만 떠올리기 쉬운데요. 만일 놀이의 요소가 전혀 없이 심각한 경쟁만 해야 한다면 참 힘들겠죠. 그러니 경쟁을 처음 배울 때 놀이를 통해서 배우면 좋을 거예요. 나중에 더 심각한 경쟁에 임할 때도 놀이의 요소를 떠올릴 수 있을 테니까요.

스포츠 같은 경쟁적 놀이에 참여함으로써 아이는 이기려고 노력하면서도 너무 부담 갖지 않고 승부를 즐기는 법을 배우게 됩니다. 공정한 시합 과정에서 규칙을 지키면서, 왜 규칙이 필요한지 생각도 해 보게 돼요. 본능처럼 꿈틀대는 공격성과 왕성한 혈기를 사회가 받아 주는 건전한 방식으로 발산시키기도 합니다. 때로는 패배도 경험하고 그럴 때의 좌절감도 견디어 보고요. 그러다 보면 나중에 성인이 되어 치를 약육강식의 경쟁도 조금 덜 심각하게 다가오지 않을까요?

물론 경쟁만 배울 게 아니라 협동도 배워야죠. 놀이를 통해 협동하는 경험도 해 봐야 해요. 여럿이 팀을 이뤄 참가하는 운동 시합이 여기에 해당하죠. 그런데 꼭 운동이 아니라도 다양한 형태의 협동을 경험할 필요가 있어요. 특히 훈육 단계의 아이들은 규칙을 익히고 지키면서 게임을 해 나가는 법을 배워야 합니다. 밖에 나가서 놀 수 있다면 다양한 바깥 놀이를 함께해 주세요. 우리가 어린 시절에 했던 '얼음땡', '땅따먹기', '숨바꼭질' 같은 놀이도 좋습니다. 집에서 놀아야 한다면 다양한 보드게임이 도움이 됩니다. 할리갈리, 루미큐브, 젠가, 부루마블 등 흥미롭고 함께하면 좋은 수많은 보드게임이 시중에 나와 있습니다. 이러한 게임을 같이하는 과정에서 아이는 경쟁 상황일 때 적절하게 마음을 조절하는 법, 정해진 규칙을 지키면서도 이기기 위해 열심히 노력하는 법, 승리를 위해 창의성을 발휘하되 상대가 납득할 수 있는 방식으로 목표를 달성하는 법을 배우게 됩니다. 그리고 더 나아가, 같은 편끼리 힘을 모아 원하는 바를 함께 이뤄 나가는 연습까지 할 수 있다면? 아주 어려서부터의 놀이가 향후 성인이 되어 어떤 가치나 이상을 공유하면서 협동하는 일을 하기 위한 바탕이 되는 것이죠.

아이에게는 경쟁 놀이와 협동 놀이가 모두 필요합니다. 그리고 신체 활동과 정신 활동이 모두 필요해요. 신체를 이용한 경쟁과 협동, 정신을 이용한 경쟁과 협동, 이들은 떼어 놓을 수도 없거니와 따로 떼어 편식을 하면 안 되죠. 균형 잡힌 놀이를 통해 균형 잡힌 어른으로 성숙할 테니까요.

○◉● 놀이로 애착을 적립한다

놀이 속에 숨어 있는 치유나 성숙 같은 의미들을 발견한다는 게 어렵게 느껴질 수도 있습니다. 그렇다면 그냥 아이와 놀면서 즐거운 시간을 보내는 것으로 충분합니다. 함께 즐거워하고 친해지면 되는 거죠.

누가 청첩장을 들고 찾아와 덕담 한마디 해 달라고 할 때 제가 곧잘 하는 말이 있어요.

"결혼하면 부부는 서로에게 가장 가깝고 특별한 사람이 되지만, 결혼해서 서로를 대할 때는 마치 남을 대하듯 하세요."

이렇게 툭 말해 놓고 설명을 덧붙이죠.

"가장 가깝고 특별한 관계가 되었기 때문에 오히려 서로를 덜 존중하고 덜 배려하게 될 수 있어요. 그만큼 편한 사이라서 그런데요. 하지만 밖에서 만나는 그 누구보다 소중한 사람이잖아요. 소중하다면 그만큼 존중하고 배려해야 맞죠. 그러니 부부가 서로를 대할 때는 적어도 직장 동료를 대할 때만큼 존중하고 배려하고, 서로의 부모님을 대할 때도 그분들 연배의 직장 상사를 대할 때만큼 존중하고 배려하도록 노력하세요. 밖에서 남을 대할 때 어려워하는 만큼만 부부도 서로를 어려워하는 거죠. 서로를 너무 편하게 대하지 않으면, 결혼 생활이 편해질 수 있을 겁니다."

자식을 대할 때도 마찬가지예요. 자식을 남이라고 가정해 보세요. 내 자식이 아니라 모르는 아이와 꽤 오랜 기간을 함께 지내야 한다고 가정해 봅시다. 일단 친해지려고 노력하겠죠. 두터운 정이 들기까진 시간이 필요하고 단기간에 억지로 될 일이 아니지만, 적어도 서로 불편한 관계가 되진 않도록 신경 쓸 거예요. 아이가 불안해 하지 않는지도 살필 테고요. '내가 좋은 사람이고 너를 도와주려 한다'라는 인상을 아이에게 전달하려고 노력하겠죠.

이처럼 아이를 배려하고 존중하면서, 아이와 좋은 관계를 맺기 위해 의식적으로 노력할 거예요. 평소에 내 아이를 대할 때보다 남의 아이를 대할 때 훨씬 친절해지는 사람이 많을걸요? 배우자를 대할 때나 자녀를 대할 때나, 이따금 남이라고 가정해 보면 그들을 대하는 나의 태도를 반성하는 데 도움이 됩니다. 가장 소중한 사람들을 가장 소홀히 대하고 있기 쉬우니까요.

아이와 잘 지내기 위한 노력은 내 자식을 대할 때도 똑같이 필요해요. 배 속에 몇 달 동안 품었다가 힘들게 낳았으니, 부모와 자녀 사이에는 자동적으로 특별한 관계가 맺어질 것 같죠? 하지만 아이는 그런 거 모릅니다. 기억도 못 해요. 부모니까 당연히 자기를 소중히 여길 거라고, 아이가 무조건 알까요? 아니요. 최소한 저절로 알진 못합니다.

그러니 부모는 아이와 특별한 관계를 맺기 위해 노력할 필요가 있습니다. 생후 초년에 맺는 애착이 그런 특별한 관계의 시작이지만, 이후로도 보수 공사가 계속 필요하죠. 그 방법이 바로 '놀이'입니다.

모르는 사람과 어떻게 친해지는지 떠올려 보세요. 같은 학급 친구들과 친해질 때, 수업을 함께 들어서 친해지기보다 쉬는 시간에 같이 도시락 까먹고 장난치면서 친해지지 않았나요? 연애도 마찬가지죠. 설령 공부 모임에서 만났어도 함께 공부만 해선 친해지기 힘들죠. 놀러 다니면서 친해지잖아요. 즐거운 대화나 재미난 활동을 하면서 가까워집니다.

물론 실험도 하고 실습도 하는 공부면 좀 다르긴 해요. 뒤에서 살펴보겠지만, 지적 호기심을 공유하는 사람끼리 시행착오 속에서 의견을 나눠 가며 새로운 발견을 해 나가는 작업이라면 이미 놀이의 요소를 갖추고 있어요. 하지만 앉아서 공부만 하며 친해지긴 쉽지 않습니다.

그런데 자녀에게 공부만 시키면서 친해지려는 부모들이 의외로 많습니다. '내가 공부시키느라 애썼으니 아이가 내게 고마워하겠지' 하고 기대하는 걸까요? 남의 아이든 내 아이든 함께 지내려면 친해질 필요가 있으며, 친한 관계를 맺으려면 놀이에 투자해야 합니다.

아이 입장에선 누군가가 자기와 함께하는 걸 즐거워하면 자존감이 올라갑니다. 내가 상대에게 가치 있는 존재가 되었다는 뜻이니까요. 그 상대가 부모라도 마찬가지예요. 부모가 자신과 노는 걸 즐거워하고 자꾸만 같이 놀고 싶어 하면, 아이는 자신이 부모에게 소중한 존재라는 걸 알게 되죠.

그리고 아이와 친해져 놓아야 나중에 아이에게 요구하거나 부탁할 일이 있을 때도 순조롭겠죠. 아이를 키우다 보면 아이에게 요구하거나 부탁할 일이 없을 수 없으니까요. 공부를 좀 더 열심히 하면 좋겠다는 부탁을 포함해서요. 그런 의도로 아이와 놀아주란 말은 아니지만 결과를 놓고 보자면 그래요.

○●● 놀이로 가르침을 전한다

　놀이를 통해 아이가 마음을 표현한다고 했는데, 역으로 부모의 뜻을 아이에게 전하는 데도 놀이가 유용해요.

　유치원 친구에게 놀림을 받고 온 아이의 예를 다시 볼까요? 부모와 함께 인형을 갖고 놀다가 아이가 놀림당했던 상황을 재현한다고 해 보죠. 아이가 놀리는 인형을 맡고 부모가 놀림당하는 인형을 맡았다면, 상대가 놀릴 때 어떻게 대처할지를 부모가 놀이 속에서 보여 줄 수 있잖아요. 그걸 본 아이는 '아, 저렇게 할 수도 있구나!' 혹은 '다음엔 나도 저렇게 해 봐야겠구나!' 하고 자연스럽게 배울 수 있죠. 놀이를 통하지 않고 아이에게 "다음에 그 애가 놀리면 이렇게 해 봐" 하고 직접적으로 가르쳐 주는 것과는 다릅니다. 그렇게 하면 아이는 간혹 더 부담감을 느낄 수도 있고, 적절히 대처하지 못한 자신을 비난하는 소리로 들을 수도 있으니까요. 하지만 놀이를 매개로 가르침을 전하면 비난의 의미가 작아지고 스스로 깨닫는 의미가 커집니다.

　직접적으로 가르쳐 주는 방식이 꼭 열등하다거나 항상 놀이로 가르치는 게 낫다는 말은 아니에요. 다만 때에 따라 부모가 활용할 수 있는 가르침의 도구에 놀이도 추가할 필요가 있습니다.

　길은 많아요. 가령 부모가 다른 인형을 등장시켜서 놀림당한 인형을 위로해 줄 수도 있을 거예요. 그래서 그 둘이 친구가 되는 거죠. 이 경우엔 아이에게 '놀리는 녀석은 신경 쓸 필요 없어. 다른 좋은 친구들과 어울리면 되니까'라는 뜻을 전하는 셈이죠. 다양한 이야기가 가능해요. 만일 평소에 아이에게 공부하라는 뜻을 전하고자 고심하던 부모라면, 놀림당한 인형이 공부를 열심히 해서 지적 능력으로 상대의 코를 납작하게 만드는 이야기를 지어 낼 수도 있을 겁니다. 무턱대고 공부하라는 것보다 아이에게 훨씬 더 인상 깊은 메시지가 전달되겠죠.

물론 자꾸만 무슨 꿍꿍이를 갖고 아이와의 놀이를 조작하는 것을 권하지는 않습니다. 놀이는 자연스럽고 즐거워야 하니까요. 아이에게 무엇을 주입시키려는 목적을 갖고 놀이에 임하다 보면 아이도 곧 눈치챌 거예요. 그리고 부모와 노는 게 재미없다고 느끼겠죠. 가령 부모가 질문하고 아이가 대답하는 놀이를 얼마간 했는데 언제부턴가 아이가 입을 닫아 버리더래요. 아이가 눈치챈 거죠. 엄마가 자기랑 노는 게 아니라 자기가 얼마나 많이 아는지 시험하고 있다는 걸 말이에요.

그런데 어떻게 하든 놀이 과정에서 부모의 생각과 감정이 녹아나기 마련이에요. 노는 중에 부모가 세상을 바라보는 입장이 아이에게 전해지곤 하죠. 따라서 부모가 대체로 건강한 가치관을 갖고 있는 게 중요합니다. 속으론 건강한 가치관을 갖고 있으면서, 겉으론 자연스럽고 즐겁게 놀아 주는 거죠. 그러면 그 가치관이 놀이에 녹아들 테니까요.

한편으론 아이 혼자 실험하면서 스스로 해결 방안을 찾거나 문제를 극복하는 시간도 필요해요. 부모가 관여하지 않고요. 교육한답시고 놀이에 지나치게 개입하거나 사사건건 참견할 일은 아닙니다.

○◑● 공부에서 놀이를 발견한다

지금까지 놀이가 왜 중요한지 살펴보았습니다. 하지만 놀이가 아무리 좋아도 놀기만 할 수는 없죠. 공부도 해야 합니다. 그래서 부모가 자녀에게 하게 되는 말이 있죠.

"이제 그만 놀고 공부해라."

흔히 하는 말입니다. 그런데 주목할 점이 있습니다. 이 말은 공부를 놀이와 구분하는 말입니다. 하지만 공부와 놀이가 칼로 베듯 구분이 될까요?

학업이나 직업도 어떤 면에선 놀이의 연장입니다. 그 속에서 놀이의 요소를 찾아야 하죠. 물론 공부나 직장 업무는 힘든 면도 있고 노력과 인내가 필요한 일들입니다. 그럼 놀이는 안 힘든가요? 실은 놀이도 힘들 때가 있으며 인내와 노력이 필요하곤 합니다. 놀이터에 처음 간 꼬마가 미끄럼틀에 몸을 맡기기 위해서는 약간의 두려움을 극복해야 하죠. 타고 내려와선 다시 타기 위해 미끄럼틀의 계단을 올라가야 하고요. 별것 아닌 것 같지만 그렇게 내려갔다 또 뛰어 올라가기를 몇 번 반복하면 아이는 "헤, 힘들어" 하는 소리를 냅니다. 물론 웃는 얼굴을 하고요. 숨이 가쁘고 다리도 아프지만 재미있으니 그 정도 수고는 기꺼이 받아들이는 거죠. 사실 미끄럼틀을 타고 내려오는 아주 짧은 순간이 재미있을 뿐인데, 이를 위해 나머지 재미없는 시간들, 노력과 인내가 필요한 활동들, 가령 계단 올라가기나 순서 기다리기도 즐거운 마음으로 감수합니다.

꼭 우리네 인생과 닮지 않았나요? 공부도 그렇고, 직장 업무도 그렇고, 힘들다곤 하지만 재미나 보람을 느끼는 순간도 분명 있잖아요.

직장인에게 있어 그 순간은 특별히 흥미가 당기는 어떤 업무를 할 때일 수도 있고, 단순히 월급날일 수도 있겠죠. 학생에게 있어 그 순간은 특별히 좋아하는 과목을 공부할 때나 어렵던 내용을 퍼뜩 이해하는 순간일 수도 있고, 그냥 시험을 잘 본 날일 수도 있고요.

어떻게 보면 컴퓨터 게임도 비슷해요. 컴퓨터 게임이 마냥 재미있기만 한 것 같지만 힘들 때도 많거든요. 다음 단계로 넘어가야 하는데 자꾸만 캐릭터가 죽어 짜증이 나기도 하고, 어떤 아이템을 찾아야 하는데 아무리 돌아다녀도 구할 수 없어 답답할 때도 있죠. 그럼에도 불구하고 이번 판을 깨고 싶은 승부욕이 있기에, 아이템을 찾아 그다음엔 뭐가 나오는지 보고 싶은 호기심이 있기에, 게임 중 힘든 구간도 참을 수 있죠. 힘들어 마땅한 부분이 덜 힘들게, 심지어 즐겁게 느껴집니다. 마치 미끄럼틀 계단을 올라가는 꼬마처럼 말이죠.

이렇듯 인생살이가 게임과 비슷한 구석이 있어요. 놀이의 요소가 깃들어 있는 거죠. 재산이 많아 생계 걱정이 없는 사람도 일을 해야 활력이 유지되잖아요. 일이 일일 뿐만 아니라 그 속에 놀이의 요소가 섞여 있기 때문이죠. 공부에서도, 직장 업무에서도, 놀이의 요소를 찾아야 합니다.

따라서 "이제 그만 놀고 공부해라"라는 말은 맞지 않습니다. 어쩌면 다음과 같이 말해야 할 겁니다.

"이제 공부로 놀아라."

○●● 성취하고 소통하면 즐겁지 아니한가

요즘 아이들이 좋아하는 놀이, 아니, 좋아하는 수준을 넘어 너무 심취해서 문제가 되는 놀이가 있죠. 바로 '인터넷 놀이'인데요. 크게 둘로 나누면 게임과 SNS(사회 관계망 서비스)가 있어요.

먼저 컴퓨터 게임은 성취형 놀이예요. 캐릭터가 한 단계 나아가거나, 상대편과 겨루어 이기거나, 높은 점수를 받거나, 아이템을 모으거나 해야 하죠. 이런 성취를 하기 위해선 나름 노력과 연습이 필요한데, 컴퓨터 게임은 그 노력과 연습을 자발적으로 하게 만들죠. 흥미가 동해서 스스로 기꺼이 하도록 말이에요.

따라서 컴퓨터 게임에 너무 빠지지 않으려면 다른 게임을 할수 있어야 해요. 컴퓨터 게임이 아니면서 한 단계 나아갈 수 있고, 누군가와 겨루어 이길 수 있고, 무언가를 받거나 모을 수 있는 다른 활동이요. 그런데 우리나라는 그런 활동이 공부 말곤 거의 없어서 문제입니다. 공부로 한 단계 나아가지도, 다른 학생들과 겨루어 이기지도, 좋은 성적을 받지도, 상이나 칭찬을 모으지도 못하는 아이들은 공부 외의 활동에서 성취를 맛봐야 하는데, 그럴 기회가 부족하죠. 다른 게임이 없는 거예요. 그러니 컴퓨터 게임을 할 수밖에요.

반면에 SNS에 있는 놀이의 요소는 뭘까요? 이 경우는 소통형 놀이예요. 또래 아이들과 문자를 주고받는 등 다른 사람과 소통하는 즐거움이 있죠. 그리고 SNS에 너무 집착하는 현상의 이면에는 소통하지 못하고 소외당할까 봐 두려움을 간직한 아이들, 남모를 외로움에 젖어 있는 아이들이 있을 테고요.

방금 놀이의 요소 두 가지를 발견했습니다. 성취와 소통 말이에요. 성취하고 소통하며 즐거움을 경험하는 활동이 곧 놀이일지 모릅니다. 그런데 성취와 소통은 둘 다 필요해요. 둘이 적절히 어우러져야 하죠. 소통 없는 성취가 과연 의미가 있을까요? 성취는 누군가와의 소통을 통해 비로소 그 의미가 정해질 때가 많죠. 그래서 성취형 놀이인 컴퓨터 게임도 혼자서만 하다 보면 싫증이 나기 쉬워요. 자신의 성취에 대해 누군가와 소통해야 재미가 있죠. 누군가와 경쟁해서 이기기도 하고, 상대편 혹은 같은 팀한테 평가나 인정도 받아야 해요. 친구가 옆에서 보고 "와, 그렇게 깰 수도 있구나!" 놀라기도 해야 하죠. 서로 잘하는 부분은 요령을 주고받기도 하고요.

컴퓨터 게임이 성취형 놀이라고 해도 인터넷을 통해 할 때 더 재미있고 더 심하게 빠져드는 이유가 여기 있을 겁니다. 채팅 등 말로 소통하기도 하고, 꼭 말로 소통하지 않더라도 누군가와 연결되어 주고받는 효과가 있는 거죠. 덕분에 아직은 기계가 흉내 내기 어려운 인간적 소통의 면모가 게임 공간에서 나타나요. 마치 생명체를 대하듯 그때그때 새로운 반응이 생겨나고요. 이것이 다시금 흥미나 호기심, 때론 승부욕과 성취욕을 자극하곤 하죠. 즉, 성취와 소통이 절묘하게 어우러지는 셈이에요.

현실의 삶을 이처럼 생동감 있게 살 수 있으면 얼마나 좋을까요? 그런 소망에서 게임을 하는지도 모르죠. 그래서 똑같은 게임을 해도 인터넷이 끊긴 방 안에서 혼자 한다면 금세 시들해질 거예요. 소통이 없다면 성취가 시시해 보일 테니까요.

물론 게임을 하는 목적과 방식은 다양할 거예요. 예를 들면 복잡한 고민에서 벗어나기 위해 게임을 하는 경우도 있죠. 게임을 하는 동안은 답답한 마음을 덜 느끼잖아요. 단계가 나아가는 것도 아니고, 실력이 향상되지도 않으면서, 그냥 멍하니 게임을 반복하죠. 이렇게 성취도 소통도 없이, 놀이라기보다는 현실 도피로써 게임에 빠진 경우엔, 물론 그 이면의 고민이 해결되면 도움이 되겠지만 우울증 치료가 필요할 수도 있어요.

성취와 소통은 공부에서도 중요해요. 공부에 흥미를 느끼지 못한다면 공부에서 이 같은 놀이의 요소를 발견하지 못한다는 뜻이기도 하죠.

원래 공부란 성적에 관계없이 아이가 자신이 모르던 걸 깨우치고 발전해 나가면 되는 건데요. 그것이 놀이의 요소 중에서 성취에 해당하죠.

하지만 성적표의 등수만 강조하는 사회에선 그런 식의 성취만 갖고는 다른 사람과 즐겁게 소통할 수 없어요. 아이가 자신이 모르던 걸 깨우치는 나름의 성취를 해도 주변 사람들과의 소통 속에서 그 성취의 의미를 찾을 수가 없거든요. 주변 사람들은 아이가 모르던 걸 깨우쳤는지는 관심이 없고 등수에만 관심이 있으니까요. 성취가 있어도 소통이 그 의미를 받쳐 주지 않으면 재미가 없어요. 이런 경우, 놀이의 요소가 충족되지 않으니 공부에 흥미를 잃어버립니다.

여기까지 써 놓고 보니 공자님 말씀이 떠오르네요.

學而時習之 (학이시습지)

배우고 때로 익히면

不亦說乎 (불역열호)

또한 기쁘지 아니한가

有朋自遠方來 (유붕자원방래)

벗이 있어 멀리서 찾아오면

不亦樂乎 (불역락호)

또한 즐겁지 아니한가

이것이야말로 성취의 기쁨과 소통의 즐거움이 아니겠습니까.
공자님께도 성취와 소통은 큰 기쁨이자 즐거움이었나 봅니다.
이어지는 말씀도 읽어 봅시다.

人不知而不慍 (인부지이불온)
남이 알아주지 않아도 성내지 않으면
不亦君子乎 (불역군자호)
또한 군자가 아니겠는가

그만큼 소통이 없이도 묵묵히 성취를 지속해 나가기란 쉽지
않은 것이겠죠. 사실 이건 부모에게 딱 필요한 말이네요. 솔직히
말해서, 자녀 양육을 열심히 해도 알아주는 사람이 별로 없죠.
좋은 부모의 길은 군자의 길과 닮아 있는지도 모릅니다.

부모는 아이에게 컴퓨터 게임 밖에서의 다양한 성취 경험,
SNS 밖에서의 다양한 소통 경험을 알려 줘야 합니다. 부모가 알
려 주지 않으면 아이들은 인터넷을 통해 배웁니다. 오늘날의 부
모는 아이들을 유혹하는 인터넷과 한판 승부를 벌여야 하는 입
장입니다. 물론 목표는 아이들이 인터넷을 사용하지 않게 만드
는 게 아니라 적절히 사용하게 만드는 것, 너무 빠지지 않게 보
호하는 것이죠.

지금까지 여러분이 인터넷에게 승리할 수 있도록 필요한 무기들을 제공하였습니다. 이 책에서 익힌 육아 기술들을 갖고 아이와 일평생 잘 '놀아 보기' 바랍니다.

아기 때 아이는 부모가 곧 세상이고 자기랑 부모가 일심동체인 줄 알았습니다. 그런데 어느덧 그게 아니라는 걸 깨닫게 됩니다. 좀 더 크면서 자신과 부모가 다르다는 걸 구체적으로 깨닫게 되는 것입니다.

아이가 자신을 독립된 개체로 인식하니 무엇이 뒤따를까요? 자기가 하려고 하는 일들이 생깁니다. 이것저것 자기 스스로 해 보려고 합니다. 도와주면 오히려 짜증을 내고 울어 버리기도 합니다.

그리고 하겠다는 일들이 생기는 만큼 하지 않겠다는 일들도 생깁니다. 한동안 "싫어"란 말을 입에 달고 살죠. 자기는 남들과 다른 개체이니 남의 말을 거부도 할 수 있다는 얘기입니다.

이 단계에서 부모는 아이가 스스로 해 볼 수 있도록 충분히 기회를 주고, 아이 혼자 전 과정을 다 할 수 없는 일은 어른이 함께하면서 부분적으로 역할을 줘야 합니다. 훈육이란 강압적인 교육이 아니라 아이의 개체성과 주도성을 격려하는 것으로 이해해야 합니다.

그런데 가르치려는 내용이 아이에게 너무 어려운 것일 때, 내 아이에게만 어려운 게 아니라 같은 연령대의 여느 아이들 모두에게 너무 어려운 내용일 때는 당연히 배울 수 없겠죠. 이럴 경우에는 좀 더 기다려 줘야 합니다.

반대로 같은 연령대의 아이들에게 너무 어렵지 않은 규칙이고 내 아이도 그걸 잘 배울 수 있다면, 당연히 규칙을 가르쳐 주어야 합니다. 그래야 자존감이 올라갑니다.

그렇다고 해서 오해하면 안 됩니다. 애착은 버리고 훈육만 하라는 뜻이 아닙니다. 무조건적인 사랑을 무조건 끊으라는 게 아닙니다. 아이 혼자 다 하도록 막무가내로 강요하라는 뜻도 절대 아닙니다.

점진적인 변신이 필요합니다. 아기 때의 육아와 이 시기 육아의 차이점은, 애착에 전적으로 비중을 두었다가 점차 훈육에도 신경을 쓰는 데 있습니다. 앞의 단계에서 애착이 잘 형성되었으면 이번 단계에서 훈육이 더 수월할 겁니다.

4부

자립(13~18세)
부모가 믿어 주는 만큼
잘 자라는 아이들

육아 변신의 원칙과 그 이면의 원리들을 살펴보고 있습니다. 자, 대망의 마지막 키워드는 바로 자립입니다. 육아의 최종 목표가 아이의 자립이다 보니 이 시기에는 부모의 생각이나 계획대로 되지 않을 때가 당연히 있습니다. 그렇다고 겁먹을 필요는 없습니다. 앞에서 애착과 훈육의 단계를 알차게 보내셨다면, 때로는 질풍노도와도 같은 이 시기를 훨씬 안전하게 헤쳐 나갈 수 있을 겁니다.

정체성과 인생관을
고민하는 시기

대상	연령	핵심 단어	깨달음	목표
청소년	중·고등학생 (및 대학생)	추상적 사고 정체성 인생관	〈자신에 대해 알기〉 나의 길을 찾아야겠구나! (부모의 길 말고 나의 길)	자립

자녀의 정신 발달 3단계는 청소년기입니다. 이 시기에는 추상적, 개념적 사고가 본격적으로 나타납니다. 또 자신이 누구이며 인생을 어떻게 살아야 할지 고민합니다. 즉, 정체성과 인생관에 대해 고민하는 시기입니다.

대체로 중·고등학교 때 가장 뚜렷하지만 개인마다 차이가 큽니다. 특히 우리 사회에선 중·고등학교 때 이 같은 고민을 충분히 못 하고 지나가는 경우가 많은 것 같습니다. 그래서 청소년기의 고민이 대학생이 되어서도 이어지는 일이 많습니다.

얼핏 보면 2단계 때 주도성을 갖게 된 어린이가 자기 역할을 고민하는 것이나 청소년이 정체성, 인생관에 대해 고민하는 것이나 비슷해 보일 수 있습니다. 하지만 어린이 때는 구체적인 사고에만 머무르다가 청소년이 되면서 추상적 사고가 가미되는 큰 변화가 일어납니다. 두 시기에 똑같이 '나는 의사가 될 거야'라는 꿈을 갖더라도, 어린이는 의사가 되는 것 자체나 의사가 되어 많은 이들의 병을 치료해 주는 게 목표라면, 청소년은 그런 목표도 있지만 의사가 됨으로써 세상에 어떤 가치를 창조하고 자신이 어떤 보람을 느낄 수 있을지를 더 고민합니다.

이런 추상적, 개념적 사고를 바탕으로 청소년은 자신이 누구인지 이해하고 자신의 길을 찾으려 합니다. 그런데 여기에 부모가 미리 알고 빠지지 말아야 할 중요한 함정이 있습니다. 청소년이 '나의 길을 찾아야지' 하고 고민할 때, 이건 대개 '부모의 길 말고 나의 길'을 뜻합니다.

그래서 부모는 청소년 자녀가 답답할 수밖에 없습니다. 청소년기 자녀는 경험 많은 부모의 말보다 친구가 어디서 주워듣고 하는 말을 더 믿습니다. 부모 말고 참고할 다른 사람을 찾다 보니 또래나 유명인에게 의지하게 되죠. 부모가 아무리 질색해도 친구들이 좋다고 하거나 스타가 홍보하면 해야 합니다. 부모 입장에선 이 녀석이 '또라이' 아닌가 싶습니다. 하지만 부모는 알아야 합니다. 이런 모습을 보이는 청소년은 지극히 정상적인 '또라이'라는 걸.

청소년기에 가능하게 되는 추상적 사고는 일종의 초능력입니다. 인류사의 수많은 업적이 이 추상적 사고 덕분에 가능했으니 초능력이란 표현이 절대 과장이 아니죠. 따라서 아이는 어린이에서 청소년이 되었다기보다 어린이에서 슈퍼맨이 된 셈이에요. 2단계 때 부모는 날아다니고 아이는 뛰어다녔다면 이제 아이도 하늘을 날기 시작합니다. 아이도 부모와 똑같은 초능력을 갖게 된 것입니다.

청소년 자녀를 대하기 버거울 수밖에 없는 이유가 감이 오나요? 신체적으로도 성장했지만 무엇보다 정신적으로 어른과 비슷한 능력이 생긴 겁니다. 그러니 어린이를 대할 때처럼 암묵적인 상하 관계를 강요해도 더 이상 먹히지 않아요. 부모가 청소년 자녀와의 관계를 오로지 상하 관계로만 접근하면 실패하기 쉽습니다.

청소년기에는 아이 스스로 시행착오를 겪어 보도록 어느 정도 허용해 줄 필요가 있습니다. 그런데 청소년기의 시행착오는 행동상의 시행착오도 있지만 주로 생각과 말의 시행착오가 많습니다. 초능력이 생긴 부분이 바로 그 지점이니까요. 다행히 생각과 말은 어느 정도 시행착오를 허락해 주어도 안전하죠.

물론 행동에는 한계가 필요합니다. 행동으로 심각한 시행착오를 저지르는 건 막아야 합니다. 부모는 실수든 고의든 어느 이상은 용납되지 않는다는 한계를 정해 놓아야 하고, 아이가 그 한계 내에선 자유롭게 시행착오를 해 볼 수 있게 허용해야 합니다.

그런데 이 같은 한계는 청소년기에 가서 정할 수도 있지만, 쉽지 않습니다. 1, 2단계를 어떻게 보내느냐에 따라 허용 가능한 한계가 자연스럽게 정해지는 경향이 강하기 때문입니다. 따라서 선행 단계의 육아에서 미리 만들어 놓는 게 좋습니다. 가령 남의 물건을 훔치면 안 된다는 걸 청소년기에 가서 처음 배우기 시작한다면 곤란하겠죠. 그러한 행동의 한계는 더 어릴 때 습득되어 있어야 하고, 청소년기엔 주로 생각과 말로써 여러 가지 실험을 하는 겁니다.

'남의 물건을 훔치지 않는 건 궁극적으로 어떤 목적을 추구하기 위한 것일까?'

'남의 물건을 훔치지 않는 사회와 마음껏 훔치는 사회는 어떻게 다를까?'

'때로는 더 상위의 선(善)을 실현하기 위해 예외를 둘 수 있진

않을까?'

이런 추상적 사고가 활발하게 생겨나고 뒤섞이는 청소년기 자녀의 머릿속 실험실은 부모 입장에서 다소 불안정해 보일 수 있습니다. 하지만 아기 때 공고한 애착이 생기고(1단계), 어린이 때 적절한 훈육이 이루어지면(2단계), 청소년기가 훨씬 더 안전해질 겁니다. 돌이킬 수 없이 벗어나는 행동은 하지 않게 되죠. 한계를 넘지 않게 하는 힘이 아이의 내면에 축적되어 있으니까요. 그렇게 되어야 청소년기에 건강한 시행착오를 해 보기가 훨씬 쉬워집니다.

이렇듯 1, 2단계 때의 육아는 이후의 육아와 별개가 아닙니다. 그럼 3단계 육아 때 부모가 해야 할 일은 무엇일까요? 청소년기의 특징을 미리 알고 부모는 '세 번째 변신'을 해야 합니다.

아이의 자립을 돕는 조언자가 되자

이 시기에는 아이 스스로 시행착오를 겪어 보도록 어느 정도 허용해 줄 필요가 있다고 했습니다. 2단계 때의 어린이가 자기 힘으로 옷을 입으려 하고 부모가 도와주면 화를 내듯이, 3단계 때의 청소년은 자기가 판단하려 하고 부모가 결론을 내려 주면 화를 냅니다.

어떻게 보면 2단계 때 아이의 주도성을 격려하던 것과 비슷해 보입니다. 하지만 3단계에는 그때와 큰 차이가 있습니다. 2단계 에서는 아이가 스스로 하도록 부모가 가르쳐 주는 데 초점이 있 습니다. 즉, 상당 부분 부모의 감독이 필요합니다. 반면에 청소년기는 아이가 정말 스스로, 그러니까 부모의 가르침을 거부한 채 시행착오를 충분히 겪으면서 깨닫고 길을 찾는 시기입니다. 따라서 부모의 감독이 훨씬 줄어들게 됩니다. 그러니 감독 대신 조언자, 동반자, 협력자 같은 역할을 목표로 삼아야 합니다.

만일 여러분에게 하늘을 날아다니는 초능력이 생긴다면 어떻게 하고 싶나요? 능력을 발휘해 보고 싶고 남들에게 인정도 받고 싶을 겁니다. 청소년 자녀도 마찬가지입니다. 추상적 사고 능력을 마음껏 발휘해 보고 싶고 인정받고 싶습니다. 그런데 추상적 사고 능력을 남에게 보여 주려면 어떤 방법이 있을까요? 논쟁을 하는 방법이 있겠죠. 그래서 청소년 자녀는 부모에게 따지고 듭니다. 이제 부모와 논쟁하는 청소년의 마음을 이해할 수 있을 겁니다.

여러분이 슈퍼맨이라 칩시다. 그런데 여러분 자녀가 여러분과 함께 하늘을 날아다니기 시작한다면? 아마 대견한 마음이 들 겁니다. 마찬가지로, 논쟁하는 자녀도 대견하게 여기면 됩니다. 함께 이곳저곳 날아다니면 얼마나 즐거울까요? 자녀와의 논쟁을 즐기세요.

구체적으로 어떻게 하라는 건지 감이 오지 않는 분이 많을 것 같습니다. 예를 들어 한 청소년이 부모에게 이런 말을 한다고 가정합시다.

"살인이 꼭 나쁜 거예요?"

충격적인 말일지 모르겠습니다. 이 말을 듣는 순간 부모의 머릿속에서 비상등이 켜지고 경고음이 울립니다.

물론 정말로 살인 가능성이 있는지는 알아볼 필요가 있습니다. 하지만 대개의 청소년이라면 다음과 같은 생각들을 염두에 두고 있을 겁니다.

'전쟁이 나면 할 수 없이 적을 죽이고 살인할 수밖에 없지 않을까?'

'오히려 도와주려다 실수로 사람을 죽인 경우는 어떻게 봐야 하지?'

이런 상황들을 실제로 맞닥뜨릴 확률은 높지 않을 겁니다. 하지만 청소년은 머릿속 추상적 공간에서 갖가지 가설을 시험합니다. 그것이 추상적 사고의 특징이기도 합니다. 구체적 사고만 하는 사람은 구체적인 살인 사건만 생각합니다. 하지만 추상적 사고를 하면 살인의 정의, 개념, 보편적 특징 등에 대해 생각이 가능합니다. 말하자면, 있지도 않은 걸 갖고 여러모로 생각을 하고 질문도 할 수 있습니다.

청소년 자녀의 부모는 감독자, 훈육자가 아니라 조언자, 동반자, 협력자가 되어야 한다고 이야기했습니다. 이 시기에는 부모 생각을 가르치기보다 우선 아이의 생각을 물어보는 게 더 중요합니다. 왜 그런 의문이 들었는지 아이에게 차분히 물어봅니다. 혹은 그 질문에 대해 어떤 생각이 떠오르는지 아이에게 의견을 말할 기회를 줍니다. 이것 모두 부모가 마음의 여유를 갖고 진행해야 합니다.

흔히들 아이는 부모가 믿는 만큼 자란다고 하죠. 비슷한 맥락입니다. 밑도 끝도 없이 믿기만 하고 구체적으로 올바른 육아를 실천하지 않는다면 아무 소용이 없을 겁니다. 하지만 적절한 믿음은 구체적으로도 육아에 영향을 줍니다. 살인이 꼭 나쁜 거냐고 물어도 실제로 살인할 아이는 아니라는 걸 알면 부모가 훨씬 차분하고 여유 있게 대응할 테니까요.

초등학생 자녀가 같은 질문을 하는 경우에도 초반 진행은 대체로 비슷합니다. 당황하지 말고 그런 질문을 하게 된 배경에 대해 물어보세요. 대화를 통해 충분히 상황 파악을 하는 것이 우선이죠. 그런 다음 살인이 왜 나쁜지 설명해 주거나 살인은 나쁘니까 해서는 안 된다는 걸 분명하게 가르쳐 줍니다. 초등학생 자녀를 대할 때는 이렇게 직접 가르쳐 주는 것이 중요합니다.

청소년의 경우엔 달라집니다. 차분하게 자녀의 생각을 듣고 상황도 파악해 보는 건 비슷합니다. 아이가 어떻게 그런 생각을 하게 되었는지 우선 이해해야 합니다. 만일 이 과정에서 놀랍게도 아이가 정말 살인을 저지를 상황임을 알게 된다면 물론 전문가의 도움이 필요합니다. 하지만 대개는 그렇지 않을 거예요.

참고로, 우리나라 아이들은 질문을 받으면 정답을 말해야 한다고 생각할 때가 많습니다. 따라서 "정답이란 없으며 그냥 상상해서 말해 보라"고 격려하는 것도 좋습니다.

그렇게 아이의 생각을 묻자 이런 대답이 나왔다고 합시다.

"실수로 사람을 죽이면 그건 실수인데 과연 나쁘다고 봐야 할까 싶어서요."

청소년의 경우 부모가 기억해야 할 다음 순서는 가르침이 아니라 '인정'과 '공감'입니다.

청소년 자녀는 부모가 정답을 가르치려 해도 쉽게 가르칠 수 없을 때가 많을 겁니다. 이제 가지고 있는 초능력이 비슷해졌으니까요. 따라서 더 이상 초등학교 저학년 학생을 다루듯 일방통행으로 가르침을 줄 수가 없습니다. 미숙한 부모는 이로 인해 몹시 당황합니다. 하지만 부모 자신이 청소년기에 비슷한 고민을 해 본 적이 있다면, 그리고 그 고민에 대한 답을 찾지 못했을지언정 불확실과 불완전에 대해 열린 마음으로 살아가고 있는 성숙한 어른이라면, 아이의 생각을 듣고 흐뭇한 미소가 떠오를 수 있습니다.

청소년에게는 추상적 사고라는 초능력을 갖더라도 아직 부족한 게 있습니다. 바로 '경험'입니다. 나름대로 추론은 곧잘 하는

데 그 추론의 근거가 되는 경험이 부족하죠. 때문에 성인의 넓은 경험으로 보면 보편적으로 적용할 수 없는 생각일 때가 많아요. 그래서 부모는 걱정이 앞서고 훈계부터 하게 되고요. 아이는 전쟁이 나면 살인도 하게 되지 않나 싶어서 논쟁을 하는데, 어른은 전쟁이 없는 일상에서 살인을 하게 될까 봐 걱정하는 식입니다.

따라서 아이가 어떤 근거에서 그런 생각을 하게 되었는지 우선 이해해야 하고, 아이가 갖고 있는 부족한 경험(혹은 근거)에 비추어 그 생각(혹은 추론)이 일리가 있다면, 그 점(추론 과정)은 인정하고 공감해 줄 수 있습니다.

"듣고 보니 그런 경우는 정말 애매하구나. 실수로 살인한 경우와 고의로 살인한 경우는 분명 다를 수 있을 것 같은데. 정말 생각해 볼 만한 문제다."

대부분의 아이들은 부모에게 말로 도전하지만 심각한 행동을 하는 경우는 드뭅니다. 그저 새로운 초능력을 토대로 자신이 누구인지, 자기 길이 무엇인지 찾으려 할 뿐입니다. 그 일환으로 부모에게도 어엿한 초능력자로 인정받고 싶어서 부모의 간섭을 거부하고 때론 부모를 뛰어넘으려고 합니다. 하지만 사실 속마음은 도전하거나 반항하려는 것보다 인정받고 싶은 겁니다. 그래서 부모는 청소년 자녀가 겪는 시행착오 속에서 일부러라도 긍정적인 부분을 찾아 인정하고 공감해 줄 필요가 있습니다. 선부른 가르침보다 인정과 공감이 더 효과적인 이유입니다.

아이 입장에서는 솔직히 자기 생각에 대해 자신이 없었는데 부모가 인정해 주니 자존감이 올라갑니다. 또한 부모에게 고맙고 부모와 말이 통한다고 느낄 겁니다. 자연스레 다음에도 부모의 의견을 들어 볼 가능성이 높아집니다.

이때 부모는 아이가 고려하지 못한 다른 측면을 슬쩍 보여 줍니다. 인정받은 느낌을 망치지 않는 선에서 더 넓은 세상을 살짝 보여 주는 것입니다.

"실수로 사람을 죽인 경우, 고의로 살인한 것과는 다르게 봐야 할 거야. 그렇지만 책임이 전혀 없다고 할 수는 없겠지. 예를 들어 폭력을 휘둘러 상대가 사망한 경우, 분명 살인 의도가 없었다 해도 죄가 없는 건 아니잖아. 음주 운전을 하다 실수로 사고를 내서 사람이 죽는 경우도 비슷하고. 어쩌면 그런 실수조차 줄이기 위해 노력할 책임이 있을지 모르지."

이런 방식으로 아이에게 더 생각해 볼 거리를 제공하는 겁니다. 어른은 청소년에 비해 경험의 폭이 훨씬 넓습니다. 그것이 머릿속에서 생각으로 한 경험이든 몸으로 부딪혀서 한 경험이든, 살아온 세월을 무시할 수가 없죠. 따라서 부모는 아이의 추상적 사고에 발맞춰 춤을 추면서 자연스럽게 어른의 경험을 드러내면 됩니다.

물론 아이가 점점 크면서, 또 아이의 경험이 많아지면서, 부모가 보여 줄 수 있는 새로운 세계는 점점 줄어들 겁니다. 더욱이 요즘같이 빠르게 변화하는 세상에선 오히려 나이 든 사람은 모르는데 젊은 사람은 아는 게 점점 많아질 수밖에 없겠죠. 그렇다고 섭섭해 할 필요는 없습니다. 자녀의 정신 발달 3단계의 목표는 애착도 아니고 훈육도 아니며 아이의 '자립'이기 때문입니다.

건강한 자립을
방해하는 것들

청소년기엔 추상적, 개념적 사고가 가능해지면서 정체성과 인생관을 고민합니다. 그렇게 자신의 길을 찾고자 합니다. 부모의 길이 아닌 자신의 길 말입니다. 슈퍼맨이 되어 하늘을 나는 능력이 생겼으니 당연합니다. 그 능력을 썩히고 살 순 없는 노릇이잖아요.

이에 따라 카멜레온 부모는 한 번 더 색깔을 바꿔야 합니다. 자녀의 훈육을 책임지던 감독관에서 자녀의 자립을 격려하는 조언자로 변신해야 합니다. 하지만 이 같은 변신을 어렵게 하는 요인들이 있습니다.

솔직히 아이는 2단계에 있을 때가 귀엽습니다. 외모도 그렇고 하는 짓도 그렇죠. 청소년이 되면 좀 징그러워요. 이 시기에 아이는 어른도 아니고 어린이도 아닙니다. 아무리 발달 단계상 그게 정상이라도 덜 예쁜 건 덜 예쁜 겁니다.

〈남녀의 사춘기 신체 변화〉

남	여
고환이 커진다.	가슴이 자란다.
음모가 자란다.	음모가 자란다.
체격이 커진다.	체격이 커진다.
음성이 변한다.	생리가 시작된다.
수염이 자란다.	겨드랑이 털이 자란다.
겨드랑이 털이 자란다.	여드름이 생긴다.
여드름이 생긴다.	

이 시기 부모의 상실감은 아이의 귀여움에 작별을 고한 상실 감만은 아닙니다. 부모 역할에 대한 상실감도 느낍니다. 아이가 더 어릴 땐 주도성을 격려하면서도 부모가 자녀를 자신의 치마폭 아래에 두고 감독합니다. 아이가 스스로 하도록 내버려 두기

보다 아이가 스스로 하도록 부모가 가르쳐 주었죠. 그런데 청소년이 되면 자녀는 부모의 가르침을 거부하고 더 이상 간섭하지 말라고 합니다. 그게 자연스러운 자립의 과정이라는 걸 알면서도 서운합니다.

1단계에서 2단계로 넘어갈 때 부모는 크게 아쉽거나 상실감을 느끼지 않았습니다. 이제 부모 손이 덜 가니 오히려 육체적으로 덜 힘들어 좋기도 하죠. 또 서너 살이 되면 한창 귀엽거든요. 그런데 2단계에서 3단계로 갈 때는 다릅니다. 부모는 지난 시절을 반추합니다.

'내가 다 가르쳐 주곤 했었는데…….'

이런 상실감은 부모 사이가 좋지 않을 때 더 심하게 나타날 수 있습니다. 부부 간에 갈등의 골이 깊다 보니 자녀에게서 위로를 구해 왔던 겁니다. 이런 경우는 아버지보다 어머니에게 더 많이 나타납니다. 아버지는 대개 바깥 생활에서 스트레스를 풀 여지가 있는 반면에 어머니는 그렇지 않죠. 그래서 자녀에게 남편의 역할, 친구의 역할, 상담사의 역할을 기대하곤 합니다.

자녀가 어머니의 이런 기대에 잘 부응해 왔을 수도 있습니다. 하지만 어머니를 위로할 정도로 자녀가 어른스럽지 않다면, 어머니는 아이로부터가 아니라 아이를 키우는 자신의 역할에서 위로를 받으려 할 수도 있습니다. 따라서 자녀를 지나치게 통제하거나 과보호할 가능성이 있는데, 아마 자녀가 더 어렸던 2단계 때부터 그래 왔을 겁니다. 그러다가 자녀는 청소년기에 접어들었는데 여전히 어머니가 집착하듯이 자녀를 통제하려 들면, 이제 자녀는 보다 적극적으로 (혹은 반항적으로) 어머니의 품에서 벗어나려 할 수 있습니다.

그렇다면 오히려 다행입니다. 2단계 때의 공생 관계로 지나치게 상호 의존적이 되어 버리면 아이는 부모 품에서 벗어날 에너지조차 잃어버리거든요. 그러면 아이는 부모 품을 갈구하는 동시에 자신을 놓아주지 않는 부모에 대한 원망과 분노가 생깁니다. 자립할 용기는 없으면서 그게 다 부모 때문이라고 탓을 하죠. 그러니 아이가 적극적으로 부모 품을 벗어나려 한다면 상대적으로 건강하기 때문에 그런 것일 수도 있습니다.

자녀의 그런 모습에 서운함이나 심지어 배신감마저 들 수 있지만, 부모는 인정해야 합니다. 자녀는 자신의 인생을 찾아 떠나야 한다는 것을요.

○ ● ● **부모의 불안감**

청소년기는 스스로 시행착오를 겪는 시기입니다. 아이는 부모와 거리를 두고 스스로 판단하려고 합니다. 부모에게 자신의 사생활을 존중해 달라고 요구하죠. 그렇다 보니 부모는 아이가 어떻게 지내는지 잘 모를 수 있어요. 따라서 불안해집니다.

'내가 안 가르쳐 줘도 잘할까?' 부모는 자기가 모르는 사이 아이에게 무슨 문제가 생기고 있지는 않을까 걱정이 됩니다.

생활 면에서 아이가 어떻게 지내는지 몰라 불안한 것 외에 또 다른 불안이 있습니다. 아이의 마음속이 어느덧 수수께끼 공간으로 변하는 겁니다. 추상적 사고가 그 속에 들어섰으니까요. 비유하자면 구체적인 인물화, 풍경화만 있다가 피카소의 그림들이 들어차기 시작한 겁니다. 도대체 그 속에 어떤 의미와 상징들이 있는지 알기가 어렵습니다.

그렇다고 꼬치꼬치 캐물을 수도 없습니다. 너무 불안한 나머지 청소년 자녀에게 꼬치꼬치 캐묻는 부모도 있는데, 대개 결과는 좋지 않습니다. 별 정보도 얻지 못하고 긁어 부스럼 만들기에 그치기도 합니다. 이런 경우 부모는 자신은 걱정이 되어서 물어보는데 왜 아이는 짜증만 내는지 모르겠다고 합니다. 그 이유는 잠시 후에 설명하겠습니다.

부모가 불안해지는 이유는 또 있습니다. 그 전에 노력한 게 많기 때문입니다. 아기 때부터 지금껏 키우느라 얼마나 애지중지하며 애쓰고 고생했는데, 이제 청소년이 된 자녀는 수수께끼 같은 이유로 스스로 다양한 시행착오를 겪으려 합니다. 그런데 시행착오란 실수와 실패도 한다는 뜻 아닙니까! 이제껏 어떻게 키워 놓았는데 어떤 부모가 자식이 실패하는 걸 마음 편히 보겠습니까. 그 실수와 실패가 성장에 필요한 과정임을 알더라도 쉽지 않은 일입니다.

여기서 한 가지 생각해 볼 문제가 있습니다. '청소년기 시행착오 목록'에 있는 실패들은 대개 소소한 실패들입니다. 기껏해야 친구들과 땡땡이를 치다 걸려서 징계를 받은 후 '앞으론 친구들이 한다고 무조건 따를 일이 아니구나!' 하고 깨닫는 식입니다. 그러므로 부모가 약간 불안하더라도 감내하고 아이에게 시행착오의 기회를 줄 필요가 있습니다.

물론 심각한 시행착오도 있습니다. 상습적인 절도로 소년원에 가거나 오토바이로 폭주하다 크게 다치는 것처럼 평생에 영향을 미칠 만한 시행착오도 있어요. 그런 시행착오라면 사정이 달라질 겁니다. 하지만 극히 드문 경우일 테니 이런 예외적인 경우 말고는 시행착오를 허용하는 것이 가능합니다.

우리나라에서 일반적인 통과 의례로 생각하면서 동시에 부모가 심각한 시행착오를 걱정하는 것이 하나 있습니다. 대학 입시가 그렇죠. 실제로 대학 입시의 성패가 자녀의 삶에 영향을 줄 가능성을 부인하기 어렵습니다. 그러니 부모는 불안합니다. 청소년 자녀에게 시행착오의 기회가 필요한 걸 알아도 어쩔 수가 없습니다. 대학 입시에 있어서는 시행착오를 허락할 마음의 여유를 갖기 힘들어집니다. 이것이 거의 국가적인 현상임을 감안할 때, 우리나라 청소년의 정신적 자립이 걱정되는 이유입니다.

○●● 부모의 오해

부모의 오해는 청소년 자녀의 말과 행동을 부모가 잘못 해석하는 경우입니다. 이 책을 처음부터 읽은 독자라면 이제 알 거예요. 청소년기에 아이는 어떤 상태가 되고, 청소년이 논쟁하려 하는 이유가 무엇인지를. 하지만 모르고 보면 참 오해하기 쉬운 게 청소년의 마음이죠.

청소년 자녀가 '나의 길을 찾아야겠구나!' 하고 고민할 때, 이 길은 대개 '부모의 길 말고 나의 길'을 뜻합니다. 이게 정상입니다. 그런데 부모가 이 사실을 잘 모르면 청소년 자녀를 무조건 반항한다고 몰아세우기도 합니다. 추상적 사고의 출현이나 청소년기의 자립 추구를 이상 행동으로 오해하는 거죠.

반대로 정신적 자립을 이뤄내지 못한 어른이 일견 효자로 보일 수도 있습니다. 가령 결혼 10년 차인 중년 남성이 하루도 빠

짐없이 자신의 부모에게 안부 전화를 합니다. 주말에도 꼬박꼬박 부모님 집에 찾아가야 하고, 간혹 사정이 생겨 못 가게 되면 무슨 큰일이라도 난 듯이 반응합니다. 부모님이 편찮은 것도 아닙니다. 정정하신 분들입니다.

아내는 그런 남편으로 인해 스트레스를 받고 있습니다. 벌써 10년째 주말마다 빠지지 않고 시댁에 가야 하니 그것도 쉬운 일이 아닙니다. 그 와중에 아내가 더 이해하기 어려운 건, 시부모님이 남편을 그리 반기는 것 같지도 않다는 점입니다. 형, 누나가 많은 집안의 막내인 남편은 오히려 천대받는다는 표현이 어울립니다. 시부모님은 모든 게 장남 위주이니까요. 어릴 때부터 줄곧 그래 왔다고 합니다. 그런데도 집안의 궂은일은 막내인 남편 차지입니다.

원래 남들이 어떻게 사는지 자세한 내막은 모를 때가 많습니다. 그래서 여기까지만 놓고 보면 이 중년 남성을 효자라고만 생각할 소지가 큽니다. 이들의 자녀가 등장하기 전까지는 말이죠.

아내 입장에서 이 남성은 부모에게는 그토록 헌신적인 남편이지만 자녀 양육에는 무능하기 그지없습니다. 시간을 내어 아이들과 놀아 주는 법이 없고, 바쁜 일이 없는 날에도 집에는 늦게 들어옵니다. 어차피 일찍 들어와도 식구들과 즐거운 시간을 보내는 데 서툴고, 어쩌다 아내가 아이 문제로 상의하자고 하면 귀

찾아서 쏙 빠지려는 태도가 훤합니다. 육아를 어떻게 해야 할지 모르는 것 같습니다. 어쩌면 시부모가 육아에는 답을 주지 않아서일지도 모르죠.

아내는 최근에 알았습니다. 남편이 그렇게 자주 부모 집에 전화하고 찾아가는 건, 그만큼 부모에게 의존하는 마음이 컸기 때문이었습니다. 뭐든 스스로 결정하지 못하는 겁니다.

시부모는 시부모대로 자립심 부족한 막내가 내심 탐탁하지 않았습니다. 하지만 아들 탓이 아니라고 생각합니다. 물론 그들이 했던 육아에서 원인을 찾지도 않습니다. 안타깝게도 아들이 결혼을 잘못해서 그렇다고, 며느리가 내조를 잘못해서 그렇다고 불만을 토로합니다. 물론 남편은 반대 의견을 낼 능력이 없습니다.

매사에 부모 뜻을 따르는 지극히 순종적인 자식에게 때로는 이렇게 자립 실패의 후유증이 숨어 있곤 합니다. 물론 정신적으로 충분히 자립한 효자도 많겠죠. 다만 가정사의 내막을 잘 모르고는 함부로 효자인지 불효자인지 말하기 어렵습니다.

가업을 물려받겠다는 아들이라도 아버지의 방식이 아닌 자신의 방식으로 가업을 이어 나가 보려는 마음이 있기 마련입니다. 그렇지 않고 사사건건 아버지의 뜻을 이어받기만 하는 아들이면 오히려 걱정스럽습니다. 물론 충분히 자립한 성인이 "나는 선대의 방식 그대로 가업을 이어 나가야지" 하고 주체적으로 판단하는 일이 불가능하진 않겠으나, 세월에 따른 사업 환경과 시대의 변화까지 감안할 때, 계승 자체가 목적이 아니라면 한결같은 답습이 자립심의 발현일 경우는 드물 겁니다.

당장은 아버지 말을 잘 들으니 문제가 없어 보이겠죠. 보통은 그러다 사회에 나가 취직 등 독립적인 삶을 꾸릴 때 어려움이 발생할 수 있지만, 직장을 새로 구하지 않고 가업을 물려받으면 그것도 비켜갈지 모릅니다.

하지만 부모로부터 정신적으로 자립하지 못한 채로 결혼하고, 아이를 낳고, 자신의 가정을 꾸리면 문제가 생깁니다. 정신적으로 자립하지 못한 가장으로 인해 누군가는 고통을 감내하게 됩니다. 그래서 이런 문제로 상담을 하러 오는 사람은 당사자가 아니라 배우자나 자녀인 경우가 많아요. 정작 당사자는 아무 문제가 없다고 생각합니다. 정신적으로 자립한 어른이어야 가정을 행복하게 이끌고 좋은 부모가 될 수 있습니다. 따라서 부모는 궁극적으로 자녀에게 자립을 선물해야 합니다. 그것은 대대손손 물려줘야 하는 가보와 같습니다.

○●● 아이의 짜증과 반항

여기서 이야기하는 짜증과 반항은 정상적으로 있는 짜증과 반항이 아니라 정말로 심한 경우입니다. 그리고 부모는 도대체 아이가 왜 그러는지 이유를 짐작할 수 없습니다. 이때는 전문가를 만나 볼 필요가 있어요.

여기서 한 가지 유용한 정보는, 청소년기에 우울증이 짜증으로 나타날 때가 많다는 것입니다. 우울증이라는 그 명칭과 달리 기분이 우울하거나 슬픈 경우는 상대적으로 드물어요. 청소년기 우울증은 지나치게 짜증을 내는 경우가 많습니다.

우울증이 오면 감정만이 아니라 생각에도 영향을 미칩니다. 부정적인 방향으로 생각이 비틀릴 수가 있습니다. 가령 아이는 뭔가 잘하고 나서도 이렇게 생각합니다.

'이건 아주 드문 우연일 뿐이야. 사실 내 실력은 형편없잖아. 앞으론 못할 거야.'

이런 생각이 자립에 도움이 되지 않으리란 건 쉽게 짐작할 수 있죠. 또 부모가 칭찬할 때도 있고 꾸중할 때도 있는데, 아이는 꾸중 들은 것만 또렷이 기억합니다.

'내 부모는 항상 내게 야단만 쳤어.'

추상적, 개념적 사고가 중요한 시기에 이 같은 생각의 왜곡이 바람직할 리 없습니다. 따라서 우울증은 치료해야 합니다. 설령 우울증을 치료하지 않아도 대부분은 자살 같은 비극으로 치닫지 않고 어른이 될 겁니다. 하지만 그것으로 만족할 일은 아닙니다. 청소년기의 숙제를 마치지 못한 채 이 시기를 졸업해 버릴 수 있기 때문입니다. 청소년기 우울증은 되도록 빨리 치료하고, 자립이라는 숙제에 집중해야 합니다.

○●● 부모의 경쟁심

3단 변신 육아는 보편적인 육아 원리입니다. 이는 남보다 잘 키우기 위한 경쟁 방법이 아닙니다. 물론 이걸 알면 모르는 부모에 비해 아이를 잘 키우는 데 도움이 될 겁니다. 하지만 누구에게나 가르쳐 주어서 모두가 아이를 잘 키우게 해야 합니다. 3단 변신 육아는 궁극적으로 모든 가정에서 활용해야 합니다.

그리고 진실을 말하자면, 내가 아무리 육아를 잘해도 아무렇게나 키운 옆집 아이가 더 잘 자랄 수도 있습니다. 육아 실력이 나보다 못한 부모 슬하에서 자란 아이들이 내 자식보다 더 바르고 훌륭하게 자랄 수도 있는 겁니다.

이상하게 들릴지 모르지만, 다음과 같이 생각해 보면 당연합니다. 만일 당신이 세계 최고의 육상 코치라면, 당신의 코칭 실력만 믿고 아무 아이나 데려와 세계적인 육상 선수로 길러 내겠습니까? 아니죠. 재능 있는 아이를 신중히 선발하여 훈련을 시작할 겁니다. 그렇지 않으면 당신이 최선을 다해 육성한 선수보다 동네에서 아무렇게나 뛰놀던 아이가 더 빨리 달릴 수도 있습니다. 그런 일은 얼마든지 생길 수 있겠죠.

떡잎을 아예 무시하지는 못합니다. 그런데 육상 선수와 달리 자녀 양육은 신중한 선발 과정을 거치지 않습니다. 복불복으로 맡아 키우게 됩니다. 어떤 아이가 태어날지 알 수가 없습니다.

따라서 경쟁하는 마음을 비워야 합니다. 내 아이가 될성부른 떡잎이면 더 힘들게 양육하는 다른 부모들을 생각하며 겸허해지고, 내 아이가 다소 부실한 떡잎이면 누구 떡이 큰지 작은지 비교하지 말고 소명으로 받아들여 키웁니다. 그것이 인생인 것 같습니다. 내 품에 초대한 귀한 손님을 감사히 맞이하고, 경건한 마음으로 바른 육아를 하고자 노력해야 합니다. 그렇게 자녀를 자립시켜 주고 유유히 떠나는 게 부모입니다.

마음 공감
최선의 방어는 공감이다

○●● 상상하는 즐거움을 깨닫자

마음 공감은 앞서 청소년기의 특징을 언급할 때 살짝 다루었습니다. 살인이 왜 나쁘냐는 도전적인 질문을 던지는 경우를 예로 들었죠. 그럴 때는 차분한 태도로, 그런 궁금증이 떠오른 이유나 배경을 먼저 들어 보자고 했습니다. 또 아이 본인은 자신이 던진 그 질문에 어떤 생각이 더 떠오르는지 물어볼 수도 있습니다. 대답을 강요하는 게 아니라 혹시 떠오르는 게 있으면 말해 보라고 대화에 초대하는 거죠. 잘 공감해 주려면 말을 좀 더 들어 보는 게 유리하잖아요.

하지만 떠오르는 게 없다고 입을 닫아도 얼마든지 공감해 줄 수 있어요.

"정말 생각해 볼 만한 질문이구나."

이런 피드백은 아이의 궁금증에 공감해 준 것이고요.

"좋은 질문인데 물어봐 줘서 고맙구나."

미소를 지으며 이렇게 말해 줄 수도 있겠죠.

그래도 기왕이면 아이 생각을 좀 더 들어 보는 게 좋을 거예요. 제가 즐겨 쓰는 간단한 방법 하나는, 아이에게 그냥 한번 상상해 보라고 하는 거예요.

상상력이 중요하다는 말은 많이들 하죠. 하지만 막상 현실은 달라요. 우리나라 아이들은 질문을 받으면 (자신의 상상이 아니라) 정답을 말해야 한다고 생각할 때가 많습니다. 왜 그럴까요?

개인적인 경험을 하나 들려 드릴게요. 저는 초등학교 말에서 중학교 초에 걸쳐 2년 반 동안 프랑스에서 살며 그곳 학교에 다녔어요. 제가 경험한 프랑스 선생님들은 수업이나 교과서 내용 중에 궁금한 게 생겨서 물어보면 대견해 하셨어요. 아이디어가 좋다는 칭찬도 자주 듣곤 했죠.

그러다 귀국해서 중학교에 다니게 되었어요. 하루는 자습 시간에 교과서를 읽다가 궁금한 게 생겼습니다. 그래서 손을 들고 질문했죠. 선생님은 다음과 같이 제게 되물었어요.

"교과서에 뭐라고 적혀 있지?"

저는 제 궁금증을 유발한 교과서 대목을 읽었어요.

"그럼 거기 적힌 대로 공부해라."

그게 끝이었어요. 지금도 그 일의 잔상이 뇌리에 남아 있는 걸 보면 꽤나 인상 깊었나 봅니다. 그것 말고도 비슷한 경험이 몇 차례 반복되었는데《인턴 일기》란 제 책에도 언급한 적이 있죠.

너무 오래전 이야기인지도 모릅니다. 하지만 요즘 아이들과 상담해 보면 지금도 별반 다르지 않은 것 같아요. 학교 선생님들만이 아닙니다. 부모들도 마찬가지예요.

청소년 자녀가 질문을 해 놓고 답을 찾지 않는다면, 답을 상상조차 하지 않는다면, 그 아이는 답을 찾는 과정이 얼마나 재미있는지 모르고 있는 겁니다. 그러니 알려 주세요. 시험이 아니라고 안심시켜 주고, 정답이 없다고 말해 주세요. 정말로 정답이 없는 문제가 많잖아요. 설령 정답이 있는 문제일지라도, 부모가 머릿속에 성답을 준비해 놓은 채 아이를 시험하는 게 아니라고 약속하는 거죠.

아이에게 그냥 상상해서 말해 보라고 하세요. 아니, 아이는 상상조차 노력이 필요하다고 느낄지 모르죠. 그러므로 그저 뭐라도 방금 떠오른 게 있으면, 머릿속을 스친 바로 그걸 말해 보라

고 권하면 됩니다.[10]

상상만 해도, 머릿속에 떠올리기만 해도 절반의 답을 찾은 셈입니다. 그걸 말로 표현하면 더욱 구체적이 될 테고요. 생각해 보세요. 꿈을 품지 않는다면 어떻게 꿈을 이룰 수 있겠어요?

○●● 공감은 기술이자 인격이다

자녀가 말을 하면 그다음에는 공감해 주어야죠. 아이가 눈치를 많이 보고 힘들게 말을 꺼낼수록 인정과 공감이 더 필요합니다. 그래야 걱정이 줄죠. 재미도 생기고요. 자존감도 올라갑니다. 물론 공감해 줄 부분을 잘 선택할 필요가 있습니다. 무분별하게 전부 공감해 줄 필요는 없어요.

"살인이 꼭 나쁜 거예요?"

"애야, 너도 이제 살인에 대해 생각하는구나. 장하다."

이렇게 하라는 게 아닙니다. 공감할 부분을 찾아서 거기에 국한하여 공감해 주면 됩니다. 이때 억지 공감이 아니라 부모의 솔직한 느낌과 생각으로 공감할 수 있으면 가장 좋아요. 대개의 경우 그런 부분을 찾을 수 있을 겁니다. 아주 사소한 부분이라도 좋습니다. 얼마간 연습해 보면 요령이 생길 거예요.

하지만 아무리 노력해도 공감할 부분을 도저히 찾을 수가 없는 경우에는, 두 가지 가능성을 고려해 볼 수 있어요. 우선 부모가 공감할 준비가 되어 있어야 그 공감할 부분이란 게 눈에 들어옵니다. 여기서 준비란 열린 가치관, 균형 잡힌 시선, 타인에 대한 존중, 자신이 틀릴 수도 있다는 겸손 등이 될 것 같습니다. 평소에 이런 준비가 되어 있어야 더 폭넓게 아이에게 공감해 줄 수 있을 겁니다.

무슨 말인지 모르겠으면 텔레비전 방송을 떠올려 보세요. 출연자들이 갖가지 사연을 털어놓는 방송이 많죠. 그걸 시청하면서 계속 욕을 하는 사람들을 본 적이 있을 거예요. 우리 집엔 그런 사람이 없더라도 식당 같은 곳에서 텔레비전을 같이 보다 보면 그런 손님들이 있죠. 그런데 그 방송의 진행자들은 다릅니다. 대체로 출연자에게 능숙하게 공감해 주죠. 진심일 수도 있고 직업적 훈련의 결과일 수도 있으며 작가가 대본에 적어 주었을 수도 있습니다. 어쨌든 그렇게 공감할 부분을 잘 찾을 수 있는 겁니다. 똑같은 말을 들어도 누구는 욕을 하는데 누구는 공감을 할 수 있어요. 부모도 마찬가지입니다.

아이의 말에서 공감할 부분을 도저히 찾을 수 없을 때, 또 다른 이유는 아이가 말하는 내용이 현실과 너무나 동떨어져 있고 논리가 없기 때문일 수 있습니다. 이 경우엔 아이의 치료가 시급한 상태입니다.

○ ● ● 마음과 행동을 구분하라

마음 공감은 청소년 자녀를 대할 때만 필요한 건 아닙니다. 유치원생이나 초등학생 어린이를 대할 때도 마찬가지입니다. 우선 아이의 마음을 알아보고, 그 마음속에서 인정하고 공감할 부분을 찾습니다. 인정해 주고 공감해 준 후에 교육도 하고 꾸중도 합니다.

예를 들어, 장난감을 사 달라고 떼쓰는 아이가 있다고 합시다. 물론 그냥 목소리를 가다듬고 단호하게 안 된다고만 해도 아이가 수긍할 수 있습니다. 실은 그렇게만 해도 충분할 때가 많을 겁니다. 아이와 함께하는 매 순간 뭐가 최선일지 고민하며 살 순 없는 노릇입니다. 시간을 정지시켜 다른 할 일을 다 미뤄 놓은 채 아이만 붙들고 있을 수도 없고요.

하지만 평소와 달리 아이가 심하게 떼를 쓰거나 울고불고 단념하지 않는 경우가 있습니다. 그럴 때는 시간을 멈추진 못하더라도 나의 급한 마음은 잠시 멈춰 봅니다. 부모는 당장 눈에 띄는 행동만 어떻게든 해결하려고 노력하기 쉽습니다. 그러지 말고 아이의 마음에 대해 잠시 고민해 보세요. 그 장난감을 꼭 갖고 싶은, 아이 나름의 이유가 있을 거예요. 어린이는 아직 부모의 치마폭 아래에 있을 나이라서 부모가 조금만 생각해 봐도 그 이유를 짐작할 수 있는 경우가 많아요. 예를 들면, 아이는 어제 친구가 그 장난감을 갖고 있는 걸 보았을 수도 있죠.

어른의 관점에선 별 이유 같지 않을 수 있지만 아이들에겐 중요합니다. 사실 모든 개구리는 올챙이 시절이 있잖아요. 부모도 자기 올챙이 때를 곰곰이 기억해 보면 훨씬 더 한심했던 순간들이 있었을 겁니다.

아이의 떼쓰는 마음을 이해했으면 이제 그걸 공감해 줄 차례입니다.

"친구가 갖고 있으니 너도 사고 싶겠구나. 갖고 놀아 보고 싶은데 친구가 빌려주지 않아 속상했지?"

이유를 구체적으로 짐작하지 못하더라도 괜찮습니다. 이유가 무엇이든 아이가 그 장난감을 갖고 싶어 하는 건 분명하니까요. 아이의 마음에 공감해 줄 수 있으면 됩니다.

"저 장난감이 꼭 갖고 싶구나. 엄마(아빠)가 봐도 정말 재미있어 보이는걸!"

물론 구체적인 이유를 알면 더 정확히 공감해 줄 수 있습니다. 하지만 그럴 수 없을 때는 당장의 감정만 공감해 주어도 좋습니다.

이렇게 마음을 알아주면 이 자체만으로도 아이의 행동이 변하는 경우가 많습니다. 울고불고 떼쓰던 것이 수그러들곤 합니다. 완벽히 수그러들진 않더라도, 이어서 부모가 하는 말을 받아들일 준비가 되는 것이죠. "다른 장난감을 샀으니 오늘은 더 살수 없지"라는 말이든, "갖고 싶은 게 있다고 울며 떼를 쓰면 안돼요"라는 말이든, 마음을 공감받은 후에 들으면 아이는 훨씬 더잘 수긍합니다.

그런데 아이가 너무 울고불고해서 공감해 주는 말조차 들을 준비가 안 될 때는 어떻게 하죠? 그럴 때는 얼마간 기다리는 게좋겠죠. 아이가 어느 정도 진정되어 부모 말에 귀 기울일 수 있을 때 공감해 주면 됩니다.

마음에 공감해 주는 것과 요구를 받아 주는 것을 혼동하는 부모들이 있습니다. 마음엔 공감해 주고 행동은 못 하게 하는 게부자연스럽게 느껴지나 봅니다. "저 장난감이 꼭 갖고 싶은 모양이구나" 하고 공감해 주었으면, 장난감을 사 주는 게 맞지 않나싶을 수도 있습니다.

그렇다면 이걸 꼭 기억합시다. 감정과 행동을 구분하라는 것.아이의 감정과 아이의 행동을 따로 대해야 합니다.[11]

정신 발달 2단계 때 아이는 해야 할 것이 있고 하지 말아야 할 것이 있음을 배운다고 했습니다. 그런데 이건 모두 행동에 관한 것입니다. 반면에 감정은 느껴야 할 감정과 느끼지 말아야 할 감정이 없습니다. 따라서 규칙은 행동에만 적용됩니다. 흡연 금지는 있어도 담배 피우고 싶은 마음 금지는 없는 것과 같습니다.

승선한 배가 가라앉으면 두려움을 느낄 수 있습니다. 감정은 자연스러운 것입니다. 따라서 얼마든지 공감해 줄 수도 있습니다. 다만 행동으로는 아이와 여자 먼저 구명보트에 오르도록 배려해야 합니다.

또 다른 예로, 위생이 불량하고 몸에서 냄새가 나는 사람에겐 혐오감이 들 수 있습니다. 반대로 외모가 깔끔하고 매력적인 사람은 잘해 주고 싶은 마음이 들 수 있고요. 감정은 자연스러운 것입니다. 다만 행동으로는 상대를 차별하지 않도록 노력해야 합니다. 행동엔 옳고 그름이 있으니까요.

따라서 어떤 행동을 했느냐는 평가나 처벌의 대상입니다. 감정은 공감해 줄 수 있더라도 말입니다. 이렇듯 감정과 행동을 구분해서 대해야 아이를 적절히 훈육할 수 있습니다. 감성은 공감해 주고 행동은 조절하도록 가르치는 것이 적절한 훈육입니다.

○ ● ● 공감의 주파수를 맞춰라

청소년은 자기 행동을 스스로 조절하는 게 더욱 중요합니다. 이를 위해 마음 공감이 중요한 역할을 하죠. 간혹 부모에게 억지로 끌려 병원에 오는 아이들이 있습니다. 억지로 왔으니 마음이 좋을 리 없습니다. 부모를 비난하기도 합니다. 진료실에서 그런 아이를 만나면 저는 어떻게 할까요?

당연히 누구든 억지로 끌려오면 마음이 상할 수밖에 없잖아요. 우선 그 부분을 공감해 줍니다. 물론 억지로 끌려온 것은 아이의 행실 때문일지 모릅니다. 하지만 그건 그거고, 잘해서든 잘못해서든 억지로 끌려오면 기분이 나쁘기 마련입니다. 그 마음을 공감해 주는 건 어렵지 않습니다.

그리고 아이가 부모를 욕하고 비난하면 그것도 들어 봅니다. 들어 보니 정말 부모가 잘못한 점이 있을 수도 있습니다. 물론 대부분의 일상에서는 너무 훌륭한 부모님일지 모릅니다. 아이의 행실 때문에 부모도 어쩔 수 없었을 가능성도 있어요. 하지만 그건 그거고, 부모가 잘못한 일에 대해선 아이도 화가 날 수 있습니다. 그걸 인정해 주고, 부모에게 화난 아이의 마음을 공감해 주는 것, 어렵지 않습니다.

초보 의사나 상담자라면 부모 입장을 변호하기 급급할 때가 많습니다. 하지만 우선 아이의 마음에 공감해 주고 다음과 같이 말을 건네 봅니다.

"네 말을 듣고 보니 그때는 부모님께서 정말 너무하셨던 것 같구나."

여기까진 공감입니다. 이어서 다음과 같이 물어봅니다.

"어떻게 그러실 수가 있지? 원래 평소 자주 그러시니?"

자기 마음을 충분히 공감받으며 한동안 신나게 부모님 흉을 본 아이가 이 같은 질문을 들으면 어떻게 할까요? 점점 더 흉을 볼까요? 제 경험으론 많은 아이들이 이렇게 답하더군요.

"아니요. 그냥 그때 한 번 있었던 일이고요."

혹은 이렇게 한풀 양보하기도 하죠.

"사실은 제가 먼저 심하게 한 부분이 있죠."

행동에 대해 수백 번 훈계하는 것보다 마음을 한 번 공감해 주는 게 더 효과적으로 변화를 이끌어 내기도 합니다. 애초에 아이가 원하는 게 바로 '인정'과 '공감'이었던 셈이죠. 그런데 자꾸 그건 네 잘못이니 고쳐야 한다는 말만 들으면 아이는 더 오기가 생겨 안 고치게 됩니다. 자기 마음을 곱씹으며 그 마음에 매달립니다. 아이는 마음을 알아 달라고 하고 부모는 행동만 지적하니 소통이 될 리 없죠.

부모가 아이의 마음에 주파수를 맞출 필요가 있습니다. 물론

한 번 공감해 준다고 자녀와의 관계가 늘 원만하진 않을 겁니다. 라디오도 주파수를 아무리 잘 맞추더라도 하루 종일 원하는 방송이 나오진 않잖아요. 감미로운 음악 방송이 나올 때도 있고 첨예하게 대립하는 토론 방송이 나올 때도 있기 마련입니다. 토론 방송 시간엔 그 논쟁을 즐기면 됩니다.

그런데 논쟁의 규칙도 똑같습니다. 공감이 먼저입니다. 다 공감해 줄 필요는 없고 일리 있는 부분에 대해서만 인정해 주면 됩니다. 그러고 나면 머지않아 토론 방송이 끝나고 음악 방송이나 유머 방송이 시작될 때가 올 겁니다.

역할 모델
행복한 부모, 행복한 아이

○●● **산소마스크를 써라**

휴가 때 아이를 데리고 해외여행을 간다고 상상해 봅시다. 즐겁게 공항에 가서 비행기에 탑승합니다. 자녀와 나란히 좌석에 앉아 두어 시간쯤 가고 있었을까요? 갑자기 비행기에 충격이 느껴지더니 모든 게 아래로 곤두박질칩니다. 천장에선 산소마스크들이 떨어집니다. 뭐라고 안내 방송이 나오는데 경황이 없어서인지 알아듣지 못합니다. 겁에 질린 채 손을 뻗어 산소마스크를 잡았습니다. 이륙 전에 얼핏 본 안전 지침이 생각납니다. 아이나 노인 등 다른 사람에게 마스크를 씌워 주기 전에 본인 먼저 쓰라고 나와 있었을 겁니다. 그 순간 당신의 머릿속에는 이런 생각이 스칩니다.

'이런 비인도적인 항공사를 보았나!'

자녀를 몹시 사랑하는 당신은 산소마스크를 잡자마자 옆에 앉은 자녀에게 씌워 줍니다. 설령 내 아이가 아닐지라도 스스로 돌볼 수 없는 약자부터 챙기는 게 인간의 도리라고 생각합니다. 그런 다음 두 번째 산소마스크로 손을 뻗습니다. 그 순간 정신이 혼미해집니다. 마스크를 향해 뻗은 손에 아무것도 잡히지 않습니다. 당신은 산소 부족으로 실신하고 말았습니다.

안타깝습니다. 반대로 행동했더라면 좋았을 텐데요. 즉, 부모가 먼저 산소마스크를 쓰고 그사이에 자녀가 실신하는 거죠. 그랬더라면 부모가 금방 두 번째 산소마스크를 집어 아이에게 씌워 주었을 겁니다. 호흡이 나아진 아이는 곧 정신을 차리겠죠.

하지만 현재 상황은 아이가 산소마스크를 쓰고 있고 부모가 정신을 잃었습니다. 이제 부모에게 산소마스크를 씌워 줄 사람이 없습니다. 어린 자녀는 어쩔 줄 몰라 합니다. 극히 위험한 상황이 된 것입니다. 부모는 물론이고, 돌봐 줄 사람이 없어진 아이도 마찬가지로 위험에 처했습니다. 항공사의 안전 지침은 이런 상황을 막기 위해 어른이 먼저 산소마스크를 쓰도록 안내합니다. 육아에도 비슷한 안전 지침이 필요합니다.

물론 자녀 양육은 희생의 연속입니다. 부모가 하고 싶은 것을 다 하면서 자녀를 키울 순 없습니다. 인내심은 부모에게 매우 중요한 덕목입니다. 이 사실을 부정할 마음은 추호도 없습니다. 그러나 부모도 사람입니다. 산소 공급이 필요합니다. 인내심을 발휘해야 한다고 해서 산소 없이 살 수는 없죠.

육체에 한계가 있듯이 정신도 마찬가지입니다. 더 이상 못 버틸 상황으로 자신을 내몰면 안 됩니다. 본인을 위해서도 안 되고, 자녀를 위해서도 그러지 말아야 합니다. 부모가 무너지면 결국 자녀에게 피해가 가기 때문입니다.

무너진다는 게 무슨 거창한 비극을 말하는 게 아닙니다. 가령 스트레스가 쌓이다 보면 짜증이 나기 마련입니다. 그 짜증이 아이에게로 갑니다. 별것 아닌 일 갖고 아이를 심하게 야단치거나 소리를 지르게 됩니다. 이건 지금 산소가 부족하다는 신호입니다. 그럴 때는 산소마스크를 써야 합니다. 운동이든, 산책이든, 다른 취미 활동을 하든, 친구들과 한바탕 수다를 떨고 들어오든, 시간을 내어 산소를 공급받도록 합니다.

항상 가능하진 않을 거예요. 특히 1단계 육아를 하는 동안엔 더 어려울 겁니다. 그래도 2단계 육아 이후로는 각자의 사정에 맞게 방법을 찾아볼 수 있습니다. 3단계 육아를 할 때가 되면 청소년 자녀는 부모가 외출해서 자기 혼자 시간 보내는 걸 더 좋아할 수도 있고요. 가령 용돈을 줄 테니 집안일을 해 놓기로 협상을 체결하고 나갔다 오면, 아이도 좋고 부모도 좋고 일석이조죠.

만일 부모에게 우울증이 왔으면 치료를 받아야 합니다. 아이를 위해서 그렇게 해야 합니다. 부모의 우울증으로 인해 아이도 마음에 상처가 생기기 쉽습니다. 그 상처는 현재 진행형일 테고요. 따라서 아이 마음을 치유할 수 있도록 부모가 치료를 받는 겁니다. 산소마스크를 쓰는 것과 똑같아요. 아이를 돌볼 수 있도록 내가 산소마스크를 쓰는 거예요.

이렇듯 부모가 자기 자신을 챙겨야 할 때를 아는 것이 매우 중요합니다. 이걸 모르면 애꿎은 아이만 잡게 됩니다. 자녀에게 자꾸 화가 난다고 해 봅시다. 그런데 자녀에겐 문제가 없거든요. 실은 부모가 산소 부족으로 예민해진 거죠. 하지만 이 사실을 모른다면 자꾸만 아이에게 잘못이 있다고 할 거예요. 잘못이 없는 아이에게 계속 잘못이 있다고 하면 그 아이가 잘 자랄 수 있을까요?

그러니 아이 문제가 아니라 부모 문제일 때는 이를 빨리 알아차려야 합니다. 산소가 필요한 사람이 누구인지 냉정하게 판단해 보세요. 아이는 대개 집에서 가장 약자입니다. 그래서 무조건 아이에게 문제가 있다고 경솔하게 합의가 이루어지면서, 아이가 희생양이 되는 경우가 많습니다.

○●● 행복 캐릭터를 잡아라

역할 모델이란 본보기로 삼아 따라 할 만한 인물을 말합니다. 자녀에게 위인전을 읽히는 건 그 속에서 아이가 역할 모델을 찾길 바라기 때문인 거죠. 하지만 위인전에 실릴 만큼 뛰어난 업적을 이룩해야만 역할 모델이 되는 건 아닙니다.

사실 역사 속 인물보다 동시대의 인물이 역할 모델이 되는 경우가 더 많아요. 아이들이 주로 역할 모델로 삼는 사람들은 연예인이나 운동선수죠. 우리도 어릴 때 다 겪어 보았잖아요. 극성팬까진 아니어도 어릴 적에 한 번쯤 연예인이나 운동선수 안 좋아한 사람이 있으려고요. 좋아하기만 한 게 아니라 그렇게 되고 싶었거나, 그런 삶을 살아 보고 싶었거나, 그들 속에 들어가 어울려 보고 싶었을 겁니다. 설령 자기 꿈이 연예인이나 운동선수가 아닐지라도 그들에게서 느껴지는 어떤 이미지를 자신의 삶에서도 구현해 보기를 꿈꾸었을 겁니다.

그런데 시간이 지나면 그런 마음이 시들해지죠. 이유는 다양하지만, 그중 하나는 내가 그 사람들을 매우 피상적으로 알고 있다는 걸 깨닫기 때문입니다. 그들의 실제 모습을 모르는 거죠. 내가 미디어를 통해 그 사람에 대해 알 수 있는 건 그 사람이 유명하다는 것 정도입니다. 그 밖에는 미디어에 노출되는 모습이 실제 모습인지 알 수 없고, 실제 모습이라 해도 그 사람의 극히 일부 모습만 접하게 될 뿐이고요.

반면에 자신의 평소 모습을 가장 가감 없이 보여 주는 사람은 가족이죠. 아이들이 가까이에서 직접 보고 배울 수 있는 삶은 부모의 삶이 유일하다고 해도 과언이 아니에요. 그러니 부모는 자녀에게 좋은 역할 모델이 되도록 노력해야 합니다.

자신 없다고요? 너무 겁먹지 마세요. 자녀가 아기일 때 부모는 이 세상 전부나 다름없는 존재라고 했습니다. 그 시기에 부모가 주는 무조건적 사랑은 종교에서 말하는 신적인 사랑과 비슷합니다. 아기에게 부모는 그만큼 큰 존재예요.

자녀가 커 가면서 부모의 존재감은 조금씩 작아지겠지만, 아이는 어린이가 되어서도 이렇게 말하곤 하죠.

"난 이담에 커서 엄마(아빠)처럼 될래."

"난 어른이 되면 아빠(엄마)랑 결혼할 거야."

이게 역할 모델이 아니고 뭐겠습니까. 여러분은 아이에게 그만큼 멋진 존재예요.

물론 청소년이 되면 좀 다르게 생각할지 몰라요.

'난 엄마, 아빠처럼은 안 살아야지.'

하지만 이렇게 생각하는 아이나, 부모처럼 살겠다는 아이나, 둘 모두에게 부모의 삶이 길잡이가 되고 있는 셈이죠. 부모처럼 안 살겠다고 하면서도 부모와 비슷하게 되는 경우가 많고요. 그러니 부모는 자녀에게 좋은 역할 모델이 되어야 합니다. 부모가 자신을 더 나은 사람으로 만들어 가는 노력을 해야 해요.

부담스럽다고 느끼는 부모도 있을 겁니다. 하지만 관점을 바꿔 보면 부담이 덜해요. 자녀를 어떻게 키울지 고민한다고 해 보세요. 오히려 이게 더 막막할 수 있어요. 자녀를 키우는 건 누구나 한 번도 해 본 적 없이 처음 하는 일이니까요. 경험이 전혀 없는 일을 잘하려니 막막하고 부담스러울 수밖에요.

하지만 내가 어떻게 살아야 할지는 항상 고민하며 살아왔잖아요. 지금까지 항상 해 온 질문에 불과해요. 그러니 자녀 양육도 이런 방향으로 생각해 보세요.

'내가 어떻게 살아야 할까? 어떻게 사는 모습을 아이에게 보여줘야 할까?'

만일 방송국에서 여러분을 찾아와 카메라를 들이대면 잘 보이려고 신경 쓰겠죠. 여러분의 자녀가 바로 그 카메라입니다. 어떤 모습을 보일지 각자 선택해야 해요. 이를 두고 방송 용어로는 '캐릭터를 잡는다'라고 하더군요. 그런데 부모로서 가장 좋은 캐릭터는 아무래도 행복한 캐릭터가 아닐까 싶어요. 유명인 캐릭터나 부자 캐릭터가 될 수도 있겠죠. 하지만 자녀가 여러분을 이렇게 기억한다면 무슨 소용이 있겠어요?

'내 부모님은 밖에선 유명하고 존경받았는데 집에선 말없이 방 안에만 틀어박혀 계셨지.'

'내 부모님은 돈을 많이 벌었지만 항상 가족한테 짜증을 내고 부모님 간에 다툼이 잦았지.'

그러므로 결국에는 행복한 부모가 가장 좋은 역할 모델이 아닐까 합니다.

메시지
자녀 양육, 그 수많은 갈림길

○●● **육아의 다양한 변수들**

한 가족을 상상해 봅시다. 부모와 자녀가 있습니다. 일단 부모
는 큰 문제가 없는 사람들입니다. 그야 당연히 장단점이 있고 개
성도 있지만 대체로 평범한 사람들이에요. 육아 방식도 그다지
잘못되었다고 보기 어렵고요.

자녀에 대해서도 비슷한 평을 할 수 있습니다. 타고난 기질이
좀 예민할 수도 있고 성격상 약간 별난 면이 있을지도 모릅니다.
하지만 문제라기보다 역시 누구나 갖고 있는 개성으로 보는 편

이 맞을 겁니다.

간단히 말해서, 부모도 아이도 모두 보통 사람입니다. 그런데 그 부모와 그 아이가 만났을 때는 어떨까요? 부모 자녀 조합을 보았을 때도 과연 보통의 조합이라고 할 수 있을까요?

꼭 그렇진 않습니다. 예를 들어 평범한 선남선녀가 만나 결혼했는데 서로 안 맞을 수 있잖아요. 행여 이혼을 하더라도 각각이 문제 있는 사람들은 아닌 거죠. 다른 인연을 만나 잘 살 수도 있고요.

부모 자녀 조합도 마찬가지예요. 그 부모가 다른 기질을 가진 아이를 키웠으면 육아가 덜 힘들었을 수도 있어요. 자녀 입장에서도 다른 부모를 만났으면 덜 고생스럽게 자랐을 수도 있고요. 그런데 바로 그 부모와 그 자녀가 만나 서로 안 맞는 면이 생길 수도 있습니다.

논리적으로 생각해 보세요. 어떤 부모가 열 명의 자녀를 낳아 키웠어요. 그중엔 성품이 원만하고 바르게 자란 자녀가 있을 수 있겠죠. 소위 명문대에 갔거나 세속적인 기준에서 출세했다고 하는 자녀도 있을 수 있고요. 하지만 열 명이 모두 그럴까요? 그럴 리는 없겠죠. 성품이든 출세든 각양각색일 겁니다. 그럼 그 부모는 육아를 잘하는 부모일까요, 못하는 부모일까요?

누가 육아를 잘한다, 못한다는 단순하게 말할 수 있는 문제가 아니에요. 물론 누가 봐도 육아를 잘하는 부모, 누가 봐도 육아를 못하는 부모도 있어요. 하지만 대개는 부모가 육아를 어떻게 하고 있는지 자세히 들여다보지 않고는 그 사실을 알기 어려워요. 자녀가 어떻게 컸는지 결과만 보고는 알 수 없죠. 자녀가 이른바 성공적인 삶을 살더라도 부모의 육아에 별로 탁월한 점이 없을 수도 있고, 자녀의 삶이 잘 풀리지 않았다고 해서 반드시 부모의 육아에 잘못이 있었다고 보기도 어려워요.

납득하기 어렵다면 자산 관리를 생각해 보세요. 가령 어떤 사람의 재산이 100억 원이라고 하면 성공했다고 평가할지 모르지만, 애초에 1,000억 원을 상속받은 사람이라면 얘기가 달라지죠. 결과만 보고는 알 수 없는 거예요. 그런데 돈이야 이렇게 초기 자본이 명확한데, 육아는 그렇지 않다는 차이가 있죠. 이처럼 아이마다 10의 잠재력을 갖고 태어났는지, 100의 잠재력을 갖고 태어났는지 알 수가 없으니, 나중에 결과만 놓고 부모가 육아를 잘했는지 못했는지 함부로 말하면 안 되는 겁니다.

하지만 아무리 아이의 잠재력을 알 수 없고 부모에 대해 함부로 말할 일이 아니라고 해도, 여전히 의문이 남습니다. 보통의 아이에게 보통의 육아를 해도 결과가 천차만별인 것 같으니까요. 그렇게까지 아이마다 다르게 크는 이유가 무엇일까요? 타고난 기질이나 잠재력 외에도 무언가가 더 영향을 주지 않을까요?

맞습니다. 그렇다면 과연 어떤 변수가 그런 차이를 일으킬 수 있는지, 부모가 자녀를 키우면서 어떤 점에 주의하면 좋을지 알아보겠습니다.

○●● 부모의 메시지를 다르게 받아들이는 아이

육아에 영향을 주는 변수는 매우 다양합니다. 그중에서 특히, 아이의 관점에서 받아들이는 메시지가 무엇인지를 염두에 두어야 합니다. 똑같은 걸 보고도 사람마다 받아들이는 게 다를 수 있습니다. 마찬가지로 똑같은 육아를 받고 자라도 아이마다 받아들이는 메시지가 다를 수 있습니다.

청소년 자녀에게 부모가 질문을 한다고 해 봅시다. 요즘 학교생활은 어떤지, 공부는 잘되는지, 친구 관계에 어려움이 없는지 등을 물어봅니다. 꼬치꼬치 캐물어 공연히 아이의 짜증을 자극하는 부모들도 있습니다. 그런 경우 말고 일상적인 질문으로 한두 마디 건넸다고 해 봅시다. 그럼에도 불구하고 아이가 짜증을 냅니다.

부모는 아이를 짜증 나게 할 의도가 전혀 없었습니다. 사생활을 파헤칠 마음도 없었고, 뭘 잘못하고 있다고 비난할 마음도 없었습니다. 그저 잘 지내는지 걱정이 되어 물어보았을 뿐입니다. 그런데 어째서 아이는 짜증을 내는 걸까요? 그 이유를 알려면 메시지를 이해할 필요가 있습니다.

이 시기에 아이는 정체성과 인생관에 대해 고민한다고 했습니다. 청소년은 자신이 누구이며 인생을 어떻게 살아야 할지 답을 구하고 있는 상태입니다. 자신이 괜찮은 사람인지, 인생을 잘 살 수 있을지, 걱정하는 상태이기도 합니다. 그럼 어떤 메시지를 듣고 싶을까요?

'그렇고말고, 넌 괜찮은 사람이란다. 인생을 분명 잘 살 수 있을 거야.'

아이는 이런 메시지를 듣고 싶어 합니다. 자신의 내면에서 이런 소리가 들려오길 바라고 있습니다. 남들에게도 이렇게 인정받고 싶고요. 그런데 이때 부모가 어떻게 지내냐고 물어보거나 간혹 잔소리를 합니다. 부모는 그게 아이를 위한 말이라고 생각합니다. 아이를 걱정해서 하는 말이라고요. 맞아요. 아끼니까 걱정도 하는 거죠. 그런데 걱정은 또 어떤 경우에 하죠?

이 점을 잘 생각해 보면, 아이 입장에선 다음과 같은 메시지로 받아들일 수도 있겠다는 것이 이해됩니다.

'넌 아직 부족하잖아. 잘하지 못하고 있잖아. 간섭하지 않고 내버려 두기엔 불안하잖아.'

앞서 나온 예들도 메시지의 측면에서 복습해 봅시다.

가령 체벌과 관련한 내용을 떠올려 보세요. 체벌을 이용해 가르치면 아이는 가르치는 내용을 배울 수도 있지만 가르치는 내용보다 체벌을 배울 수도 있다고 했습니다. 그 또한 메시지가 부모의 의도와 다르게 전달되는 경우입니다. 체벌을 이용해 가르칠 때 부모는 아이에게 이런 메시지가 전달되길 바라죠.

'아, 내가 잘못해서 매를 맞는구나. 잘못을 저지르면 이렇게 고통이 따르나 보네. 앞으론 잘못하지 않도록 노력해야겠다.'

부모는 아이가 이렇게 생각하길 바랍니다. 그런데 아이에게 전혀 다른 메시지가 전달될 수 있습니다.

'아, 잘못한 사람은 때려도 되는구나. 길게 설명하는 것보다 낫네. 남을 때려서 목적을 달성하는 편이 훨씬 간단하구나.'[12]

또 다른 예로, 훈육할 일이 없을 정도로 어른스러운 아이를 떠올려 봅시다. 알고 보니 부모 눈치를 살피느라 또래다운 언행이나 힘든 내색을 하지 않고 꾹 참고 있던 경우 말입니다. 그런데 부모는 아이를 이해할 수가 없습니다. 아이가 잘못해도 크게 꾸중한 적이 없기 때문입니다. 아이가 잘못하면 매우 슬프고 실망스럽지만, 그 마음을 아이에게 표현하지 않으려고 최대한 노력했다고 해요.

이 부모는 아이에게 주눅 들지 말고 당당하게 살라는 메시지를 전달하고 싶었을 거예요. 그래서 꾸중을 자제했죠. 그런데 막 상 아이에겐 전혀 다른 메시지가 전달될 수 있습니다.

'아, 나 때문에 엄마가 저렇게 말도 못 하게 슬퍼하는구나.'

차라리 야단이라도 치면 아이는 부모에게 화를 내거나 반항이 라도 하겠죠. 그런데 겉으로 표현하지 않고 속으로만 삭이는 부 모를 보면서, 아이도 차마 자신의 속내를 당당하게 표현하지 못 합니다. 부모를 더 힘들게 할까 봐 걱정되기 때문이죠. 그러면서 아이의 마음속에 이런 메시지가 떠오를지 모릅니다.

'나는 엄마를 슬프게 하는 아이야. 아무 쓸모가 없어.'

이렇게 되면 부모가 전달하려던 메시지와 달리 아이는 주눅이 들겠죠. 그 모습이 조심성이 있어 어른스러워 보일지도 모르지 만, 아이를 조금만 톡 건드리면 참았던 울음을 터뜨립니다.

물론 아이의 마음속에 다른 메시지가 떠오를 수도 있어요.

'아, 답답해. 제발 불만이 있으면 말을 하라고요!'

이 경우엔 부모에게 미안한 감정보다 분노나 원망 쪽으로 더 치우치겠죠.

이렇듯 메시지는 얼마든지 변화무쌍하게 전해질 수 있습니다. 몇 가지 예를 더 살펴봅시다.

부모가 자녀에게 중요한 역할 모델이 될 수 있다고 했습니다. 부모가 모범을 보이는 건 매우 중요합니다.

227

아빠가 말할 때 툭툭 욕하는 버릇이 있으면서 아이가 욕을 안 하길 기대하면 이상하겠죠. 하지만 때로는 아빠가 욕을 달고 살아도 자녀는 욕을 배우지 않는 경우가 있죠. 어떻게 된 걸까요? 어쩌면 아이는 욕을 하는 아빠를 보면서, 그 모습이 참 싫었는지 모릅니다. 그래서 자기는 절대 욕을 안 하겠다고 결심하는 거예요. 아빠가 욕을 하는 가정 환경은 똑같은데 아이가 받는 메시지는 저마다 다를 수 있는 거죠.

이번에는 엄마가 자녀를 잘 윽박지른다고 해 보죠. 그러면 엄마가 다그치는 방식 그대로 큰아이가 동생에게 다그치는 경우가 많습니다. 아이가 부모를 모방하는 흔한 예죠. 그런데 부모는 아이를 매일 다그치지만 아이가 그걸 똑같이 동생에게 하지는 않는 경우도 있어요. 왜 그럴까요?

다양한 가능성이 있어요. 부모는 큰아이에 대한 기대가 커서 큰아이를 주로 다그쳤는데, 큰아이는 집 안에서 자기가 동생보다 못한 지위를 갖고 있다고 느끼고 동생에게 주눅이 들었을 수도 있죠. 반대로 동생은 기세가 등등해져 오빠(언니)나 형(누나) 위에 오르려 할지 모르고요. 결국 집 안에서 찬밥 신세가 된 큰아이는 매일 풀이 죽어 지내니까 동생을 다그칠 일도 없게 됩니다.

혹은 이런 가능성도 있어요. 부모가 다그칠 때 자기가 얼마나 힘들었는지를 아이가 기억하고 있어서 '동생한테 그렇게 하면 동생도 똑같이 힘들겠구나'하고 불쌍히 여기는 거예요. 동생을 더 감싸 주게 되고, 동생도 그런 형(누나), 오빠(언니)를 부모보다 더 믿고 의지할지 몰라요. 부모가 다그친다는 점은 똑같은데 아이의 마음속에서 가공되는 메시지는 달라지는 거죠.

○●● 온몸과 온 마음으로 전하는 메시지

대화할 때 같은 말도 어떤 표정이나 태도를 동반하느냐에 따라 전혀 다른 메시지가 전달되곤 합니다. 부모와 자식 간에도 마찬가지입니다. 말의 내용 자체도 중요하지만 비언어적인 표현도 중요합니다.

연년생 형제가 있었습니다. 동생은 어려서부터 장애를 가지고 태어나 몸도 불편하고 이것저것 세세하게 챙겨 줄 것도 많았습니다. 그렇다 보니 부모의 관심은 온통 동생에게 가 있고, 형 또한 어린 시절부터 동생을 챙겨야 했죠. 어려서는 의젓하게 동생을 보살펴 칭찬도 많이 받았었는데 언젠가부터 형은 자꾸만 엇나가려 합니다. 부모님은 동생만 신경 쓰고 자신에게는 관심조차 없다면서 말이죠. 그런 큰아이에게 이렇게 말해 줄 수 있습니다.

"동생은 몸이 성치 않아서 스스로 할 수 있는 것도 없고 만날 울어서 엄마가 참 힘든데 ○○는 혼자 밥도 잘 먹고 스스로 잘해서 엄마를 많이 도와주는구나. 엄마가 정말 고맙다. 우리 ○○ 사랑해요."

주도성을 격려하는 칭찬을 해 주는 거죠. 이를 통해 아이의 마음속에 다음과 같은 메시지를 심어 주려는 의도입니다.

'아, 동생처럼 스스로 할 수 있는 게 없어야 엄마가 사랑하는 줄 알았는데 사실은 나처럼 스스로 잘하는 걸 엄마는 더 사랑하고 있었구나!'

그런데 전혀 다르게 받아들일 수도 있을 겁니다.

'아, 동생 때문에 엄마가 무척 힘든가 보구나. 저렇게 힘들다고 하는데 나까지 뭘 잘못하면 엄마가 쓰러지는 것 아닐까?'

이렇게 되면 주도성을 격려하기보다 아이의 불안을 자극한 셈입니다. 따라서 아이가 부모의 말을 어떤 메시지로 받아들이고 있는지를 항상 살펴야 합니다. 전혀 다른 메시지가 전달될 수 있기 때문이고, 아주 사소해 보이는 차이가 그렇게 만들기도 합니다.

예를 들어 방금 엄마가 말한 것도 두 가지로 나눠 보세요. 엄마가 밝게 활짝 웃으며 말하는 경우와 슬픔과 피곤에 찌든 얼굴로 말하는 경우로요. 그렇게 각각의 경우를 상상하면서 읽어 보세요.

(밝게 활짝 웃으며) "동생은 만날 아프고 울어서 엄마가 참 힘든데 ○○는 혼자 밥도 잘 먹고 스스로 잘해서 엄마를 많이 도와주는구나. 엄마가 정말 고맙다. 우리 ○○ 사랑해요."

(슬픔과 피곤에 찌들어) "동생은 만날 아프고 울어서 엄마가 참 힘든데 ○○는 혼자 밥도 잘 먹고 스스로 잘해서 엄마를 많이 도와주는구나. 엄마가 정말 고맙다. 우리 ○○ 사랑해요."

많이 다르죠. 엄마의 평소 모습도 두 가지로 나눠 생각해 봅시다. 엄마가 평소에 활력이 넘치고 건강해 보인 경우와 초췌하고 한숨을 푹푹 내쉬곤 한 경우로요. 이처럼 아이가 엄마 말을 이해하기 위해 연관 짓는 맥락이 무엇이냐에 따라, 같은 말을 했음에도 아이에게 주도성을 격려하는 메시지가 갈 수도 있고 불안을 자극하는 메시지가 갈 수도 있습니다.

물론 표현하는 사람이 아무리 신경 써도 받아들이는 입장에 따라 메시지가 달라지는 걸 전부 통제하기란 불가능하며, 왜 그렇게 전달되었는지 이유가 잘 드러나지 않을 때도 많습니다. 워낙 다양한 요인들, 미묘한 차이가 마음의 추를 기울일 수 있거든요.

아이에게 항상 이렇게 말해 주는 어머니가 있습니다.

"넌 괜찮아. 아무 문제없어."

이 말 자체의 의미는 아이가 정말 괜찮고 문제가 없다는 뜻입니다. 하지만 이 말을 하는 어머니의 표정과 태도는 어땠을까요? 항상 근심 걱정에 차 있고 안절부절못하고 있었을지 모릅니다. 그 말을 아이에게 얼마나 자주 해 주었는지 물어보니 하루에도 대여섯 번씩 해 주었다고 합니다. 그럼 그 말에 담긴 진짜 의미는 이렇겠죠.

'네가 너무 걱정돼 죽겠어.'

이 같은 의미가 아이에게도 전달됩니다. 사실 아이가 정말 괜찮다고 생각하는 어머니였으면 애초에 이런 말을 해 줄 필요를 못 느꼈을 테죠.

이렇듯 부모는 아이에게 어떤 메시지가 전달되고 있는지를 항상 살펴봐야 합니다. 부모가 의도한 대로 메시지가 잘 가고 있는지 계속 돌아볼 필요가 있어요.

수시로 신경 써서 점검하는 것 외에 메시지가 잘못 전달되는 걸 막을 좋은 방법이 없을까요? 부모가 자신이 말하는 대로 믿으면, 그리고 스스로 믿는 대로 말하면 메시지가 잘못 전달되는 걸 방지하는 데 도움이 될 것 같습니다.

아이에게 인생은 행복한 것이라고 말해 주려면, 부모가 정말로 그렇게 믿어야 합니다. 정말로 그렇게 믿으려면 실제로 부모가 행복한 삶을 살아야죠. 아이에게 세상은 살 만하다고 말해 주려면, 정말로 그렇게 믿어야 합니다. 정말로 그렇게 믿으려면 실제로 부모가 살 만한 세상을 만들어야 합니다.

청소년기에는 추상적, 개념적 사고가 본격적으로 나타납니다. 이를 바탕으로 자신이 누구이며 인생을 어떻게 살아야 할지 고민합니다. 즉, 정체성과 인생관에 대해 고민하는 시기입니다. 이는 일종의 초능력이고요. 아이도 부모와 똑같은 초능력을 갖게 된 것입니다. 그러니 이 시기에는 어린이를 대할 때처럼 암묵적인 상하 관계가 더 이상 먹히지 않죠.

초능력이 생기면 마음껏 발휘해 보고 싶고 인정받고 싶습니다. 그런데 추상적 사고 능력을 발휘해서 남에게 보여 주려면 어떤 방법이 있을까요? 논쟁을 하는 방법이 있겠죠. 그래서 청소년 자녀는 부모에게 따지고 듭니다. 이제 부모와 논쟁하는 청소년의 마음을 이해할 수 있을 겁니다.

이렇듯 청소년기는 부모의 가르침을 거부한 채 시행착오를 충분히 겪으면서 깨닫고 길을 찾는 시기입니다. 섣부른 가르침보다 인정과 공감이 더 효과적인 이유입니다. 부모는 청소년 자녀가 겪는 시행착오 속에서 일부러도 긍정적인 부분을 찾아 인정하고 공감해 줄 필요가 있습니다. 그러면서 자연스럽게 어른의 경험을 드러내면 됩니다.

물론 행동에는 한계가 필요합니다. 너무 심각한 시행착오를 저지르는 건 막아야 하니까요. 어느 이상은 용납되지 않는다는 한계를 정해 놓아야 하고, 그 한계 내에선 자유롭게 시행착오를 해 볼 수 있어야 합니다.

이 같은 한계는 선행 단계의 육아에서 미리 만들어 놓는 게 좋습니다. 아기 때 공고한 애착이 생기고 어린이 때 적절한 훈육이 이루어지면 청소년기가 훨씬 더 안전해질 겁니다. 돌이킬 수 없이 벗어나는 행동은 하지 않게 되죠. 한계를 넘지 않게 하는 힘이 아이의 내면에 축적되어 있으니까요.

자녀의 정신 발달 3단계의 목표는 애착도 아니고 훈육도 아니며 아이의 '자립'입니다. 부모는 인정해야 합니다. 자녀는 자신의 인생을 찾아 떠나야 한다는 것을요.

'다 함께 잘사는 사회'를 만드는 것, 부모가 자녀에게 줄 수 있는 가장 큰 선물입니다

이 책은 제가 평소 진료실에서 하던 이야기들을 글로 풀어놓은 것입니다. 아직 못다 한 이야기들이 많지만 기본적으로 이 책에 나온 것만 잘해도 대개는 바른 육아를 하는 좋은 부모가 될 수 있으리라 생각합니다. 지금까지 설명한 대로 자녀의 발달 단계에 맞춰 세 번 변신을 하고, 마음으로 공감해 주고, 역할 모델이 되어 주고, 성공 경험을 만들어 주며, 이들 육아 기술을 아이와 놀듯이 즐겁게 적용해 주세요.

하지만 이 책에 소개한 육아 원칙과 육아 기술은 불완전합니다. 인정할 수밖에 없네요. 왜냐하면 자녀 양육에 있어서 부모의 역할만 논하고 있기 때문이에요. 육아 서적이니 당연히 그렇지 뭐가 문제냐고 할지도 모르겠습니다. 문제일 수도 있고 문제가 아닐 수도 있습니다. 다음의 질문에 어떻게 답하느냐에 따라 달라집니다.

'아이들을 양육하는 것은 부모인가, 아니면 그들이 속한 사회인가?'

이 책에서 배운 대로 열심히 노력할 마음이 있어도 현실적으로 그럴 수 있는 여건이 되지 않는 부모도 있어요. 아기를 낳고 안정적인 애착을 맺지 못한 채 금방 일터에 나가야 할 수도 있고, 저녁에 일찍 퇴근해서 자녀와 충분한 소통과 공감의 시간을 가질 수 없는 사람도 많아요. 인내심 있게 아이의 주도성을 격려하고 시행착오를 허락해야 할 시기에 주입식 공부를 강요하게 되기도 하죠.

이처럼 부모가 육아의 원리에 충실할 수 없고 육아의 기술을 실천하지 못하는 원인이 항상 개인에게만 있는 건 아닙니다. 사회에도 책임이 있습니다. 아이 키우기에 관한 좋은 책이 쏟아지고 부모가 그에 대해 잘 알아도 자녀 곁에 함께하면서 올바른 육아를 실천할 여건이 안 된다면 소용없겠죠. 부모에게 그런 여건을 허락하지 않는 사회는 문제가 있습니다.

시행착오를 적절히 허용해야 올바른 육아가 가능하다고 했습니다. 시행착오를 허용한다는 건, 각자가 옳다고 생각하는 대로 시도해 볼 자유가 있다는 뜻입니다. 그런데 학업 성적이나 직업 선택에 따라 삶의 질에 있어 심각한 차이가 나는 사회라고 해 봅시다. 공부를 비롯해 무슨 일이든 죽어라 애쓰지 않으면, 남보다 잘하지 않으면, 죽기 살기로 돈을 벌어 놓거나 하지 않으면 위험해지는 사회라고 해 봅시다. 그러면 자녀를 키우는 부모가 이 점을 무시하긴 어렵습니다. 그런 사회에선 부모가 자녀에게 특정한 방향으로 노력할 것을 강요하게 되겠죠. 바른 육아가 흔들리게 되고, 그 후유증이 개인과 사회에 누적됩니다.

그러니 죽어라 공부하지 않아도 행복하게 살 수 있는 사회가 되어야 합니다. 죽기 살기로 매달리지 않아도 평생 안전을 보장받는 사회, 아등바등 돈을 벌어 놓지 않아도 걱정 없는 사회가 되어야 합니다. 몇몇 사람들만 그런 행운을 누리는 사회가 아니라 대부분의 사람들이 그렇게 살 수 있는 사회 말이에요.

시행착오를 허용하는 사회는 시도하다가 실패를 겪더라도 생존과 행복을 심각하게 위협받지 않는 사회입니다. 실패한 사람도 똑같이 존중받아야 하고요. 직업을 선택했는데 적성에 안 맞아 곤란을 겪으면, 실패를 뒤로하고 다시 도전할 수 있어야죠.

그런데 그날그날 삶이 빠듯하면 재도전의 기회를 갖기 어렵습니다. 그럼 적성에 안 맞는 일을 계속하며 버텨야 하는데, 개인의 행복을 위해서나 그 사회의 생산성 향상을 위해서나 좋을 리 없습니다.

시행착오를 허용하는 사회가 되어야 개인도 발전하고 그것이 사회의 발전으로도 이어집니다. 자유, 평등, 복지를 지향하는 나라들과 우리가 선진국이라 부르는 나라들이 대체로 일치하는 건 우연이 아닐 겁니다.

그만큼 우리나라가 성장하고 발전했다는 얘기입니다. 너무 어리고 약할 때는 시행착오를 허용하기가 위험하죠. 갓난아기에겐 시행착오의 기회보다 안전한 요람이 더 필요해요. 참 신기하게도, 사람을 키울 때 기준이 되는 정신 발달 3단계를 이렇게 국가에 적용해도 말이 됩니다.

우리나라가 해방과 6·25전쟁 후 해외 원조에 의존하던 시기는 마치 갓난아기 때와 비슷합니다. 무조건적인 돌봄이 필요했죠. 그러다 어린이가 되면 주도성을 발휘하고 역할과 규칙을 배우기 위해 열심히 노력하는데, 배워야 할 게 정해져 있는 개발 도상국 시기와 비슷합니다. 이 시기엔 선진국들을 잘 모방하고, '짝퉁'이라 불려도 좋으니 그대로 따라 할 필요가 있죠. 개발 도상국 시기가 끝날 무렵엔 신체적으로 꽤 어른(선진국)에 근접해 있는데, 이제 정체성에 대한 고민이 시작되며 논쟁과 시행착오를 통해 정신적 자립을 달성해야 합니다. 또한 선진국 문턱을 넘으려면 모방과 암기만으론 어렵고 원리까지 깊이 있게 이해해야 합니다. 추상적, 개념적 사고로 이해해야 하는 것이 바로 그것이죠. 기본이 탄탄해야 창의성도 발휘되고 남들보다 앞서 나갈 수 있기 때문입니다. 따라서 선진국으로 가는 길목에는 어린이를 닮은 사회에서 청소년을 닮은 사회로 체질 개선을 해야 하는 과제가 있습니다.

혹자는 요즘 젊은이들이 너무 나약하다고 합니다. 이전 세대에 비해 훨씬 유복한데 왜들 그렇게 불만만 많고 패기가 없는지 모르겠다는 겁니다. 이제 그 이유를 짐작할 수 있습니다. 아무리 유복해도 청소년이 되었는데 어린이 취급을 받으면 불만이 쌓이고 패기를 잃어버리기 마련입니다. 따라서 너무 늦기 전에 어린이를 닮은 사회에서 청소년을 닮은 사회로 카멜레온 변신이 필요합니다.

그래야 육아가 바로 서고, 다음 세대가 바로 서고, 국가의 미래가 바로 섭니다. 이유는 간단합니다. 부모가 부모로서 해야 할일을 잘할 수 있게 되기 때문입니다. 출산 후 금방 일터로 돌아가야 하는 부담 없이 아기와 안정적인 애착을 맺을 수 있고, 저녁에 일찍 퇴근해 자녀와 충분한 소통과 공감의 시간을 가질 수 있으며, 주입식 공부를 강요하는 대신 인내심 있게 아이의 주도성을 격려하고 시행착오를 허락할 수 있습니다. 이 책에서 배운 대로 실천하는 일이 가능해집니다.

반면에 어떤 사회는 육아를 올바로 할 수 있는 능력을 부모에게서 박탈합니다. 그런데 그런 사회를 마냥 받아들이고만 있는 부모들이 있습니다. 아이가 공부만 좀 더 잘하면 행복할 수 있으리란 착각 속에 살고 있는, 그래서 사회는 바꾸지 않고 자녀만 바꾸려고 들볶는 부모들입니다. 왜 그러는 거죠? 사회를 바꾸긴 힘들기 때문에? 하지만 부모들이 바뀌면 사회 역시 바뀔 수 있습니다.

다음 두 가지 중에 뭐가 더 힘들까요? 첫째, 자녀를 잘 키워 명문대에 보내고 남들보다 돈 잘 벌며 무시당하지 않고 살게 만드는 것. 둘째, 다 함께 즐겁게 살 수 있고 아무도 무시당하지 않는 사회를 만드는 것. 얼핏 보면 두 번째는 너무 이상적인 목표 같아 보입니다. 그런데 따져 보면 첫 번째가 더 불가능에 가까운 목표입니다. 왜냐하면 상대 평가니까요. 누군가가 명문대에 들어가면 누군가는 못 들어가고, 누군가가 돈을 더 잘 벌면 누군가는 더 못 버는 것이잖아요. 그런데 내 아이에게 행운이 따를지 어떻게 알아요? 이거야말로 복불복이에요. 카지노에 가서 열심히 노력하면 돈을 벌 것이란 희망만큼이나 대책 없는 일이죠.

카지노에서 행운을 기대하는 마음으로 자녀를 키우면 안 됩니다. 내 아이만 잘살 수 있으리란 환상에서 벗어나야 합니다. 다 함께 즐겁게 살 수 있고 아무도 무시당하지 않는 사회를 만드는 것! 이것이야말로 부모가 자녀에게 줄 수 있는 최고의 선물입니다.

이 선물을 다 완성하지 못한 채 물려주게 될까 봐 걱정되세요? 괜찮습니다. 그렇더라도 자녀는 기뻐할 겁니다. 선물을 준비하기 시작한 것만으로도 고마워할 겁니다. 여러분의 자녀는 또 그들의 자녀를 위해 똑같은 선물을 만들어야 하기 때문입니다.

부모가 되기 전에 물어야 하는 질문이 두 개 있습니다. 첫째는, 내가 과연 부모 될 준비가 되었는가? 그리고 둘째, 이 세상은 과연 준비가 되었는가? 아이들이 앞으로 살아갈 세상은 과연 아이들을 기쁘게 품을 준비가 되어 있는가?

지금이라도 이 질문들을 마음에 간직하고, 우리가 사는 세상이 더 살 만한 곳이 되도록 노력합시다. 아이들이 행복하게 살 수 있는 사회를 만들고자 노력하는 일이 카멜레온 부모가 해야 할 제4의 변신입니다. 이 변신은 자녀의 발달 단계에 맞춘 3단 변신과 별개로 지금 당장 시작하면 됩니다.

1 에릭 에릭슨(Erik Erikson, 1902~1994)은 출생부터 약 18개월까지를 신뢰 대 불신(trust versus mistrust)의 시기로 정의했다. 이는 지크문트 프로이트 (Sigmund Freud, 1856~1939)의 구강기(oral phase) 개념과도 관련이 있다.

2 장 피아제(Jean Piaget, 1896~1980)는 아이의 인지 발달 단계 중 출생부터 만 2세까지를 감각 운동기(sensorimotor stage)로 명명했다.

3 마거릿 말러(Margaret Mahler, 1897~1985)가 제안한 분리-개별화 단계 참고.

4 애착(attachment)에 관해서는 존 볼비(John Bowlby, 1907~1990)와 메리 에인스워스(Mary Ainsworth, 1913~1999)를 검색해 보기를 권하며, 해리 할로우(Harry Harlow, 1905~1981)의 원숭이 실험들도 중요한 참고 자료 가 된다.

5 도널드 위니콧(Donald Winnicott, 1896~1971)은 아기의 요구에 잘 반응 해 주되 너무 이상적인 양육에 집착할 필요는 없음을 강조하기 위해 'good-enough mother'란 용어를 사용했다. 우리말로는 '그 정도면 충분 히 좋은 부모'가 되겠다.

6 말러가 제안한 분리-개별화 단계 참고.

7 피아제는 아이의 인지 발달 단계 중 만 7세에서 11세를 구체적 조작기 (concrete operation)로 명명하고, 타인의 관점을 이해하는 것이 중요한 특징 중 하나라고 보았다.

8 로런스 콜버그(Lawrence Kohlberg, 1927~1987)는 도덕성의 발달 단계를 세분한 바 있으나 여기에서는 생략한다.

9 벌허스 프레더릭 스키너(Burrhus Frederic Skinner, 1904~1990)의 조작적 조건화(operant conditioning)가 중요한 참고 자료이지만, 인간의 학습은 훨씬 더 복잡하다는 사실을 잊지 말아야 한다.

10 프로이트의 자유 연상(free association) 기법 참고.

11 하임 기노트(Haim Ginott, 1922~1973)는 부모가 자녀와 (혹은 교사가 학생과) 바람직한 의사소통을 하기 위한 기술들을 제안했으며, 이는 오늘날에도 매우 유용하다.

12 앨버트 반두라(Albert Bandura, 1925~2021) 등이 연구한 사회 학습 이론(social learning theory) 또는 사회 인지 이론(social cognitive theory)과 관련이 있다.

아이는 부모가 사랑하는 만큼
세상을 믿습니다.

아이는 부모가 가르치는 만큼
삶의 규칙을 배웁니다.

아이는 부모가 믿어 주는 만큼
자기다운 삶을 살아갑니다.

엄마의 첫 공부

초판 1쇄 발행 2022년 8월 8일
초판 3쇄 발행 2023년 10월 13일

지은이 홍순범
펴낸이 민혜영
펴낸곳 (주)카시오페아 출판사
주소 서울시 마포구 월드컵북로 402, 906호(상암동 KGIT센터)
전화 02-303-5580 | **팩스** 02-2179-8768
홈페이지 www.cassiopeiabook.com | **전자우편** editor@cassiopeiabook.com
출판등록 2012년 12월 27일 제2014-000277호

- 잘못된 책은 구입하신 곳에서 바꿔 드립니다.
- 책값은 뒤표지에 있습니다.